学ぶ人は、
変えて
ゆく人だ。

目の前にある問題はもちろん、

人生の問いや、

社会の課題を自ら見つけ、

挑み続けるために、人は学ぶ。

「学び」で、

少しずつ世界は変えてゆける。

いつでも、どこでも、誰でも、

学ぶことができる世の中へ。

旺文社

とってもやさしい

中3理科

これさえあれば

授業がわかる

改訂版

旺文社

はじめに

この本は，理科が苦手な人にも「とってもやさしく」理科の勉強ができるように作られています。

中学校の理科を勉強していく中で，理科用語が覚えられない，図やグラフ，計算などがたくさんが出てきて難しい，と感じている人がいるかもしれません。そういう人たちが基礎から勉強をしてみようと思ったときに手助けとなる本です。

『とってもやさしい理科　これさえあれば授業がわかる［改訂版］』では，本当に重要な用語や図にしぼり，それらをていねいにわかりやすく解説しています。また，1単元が2ページで，コンパクトで学習しやすいつくりになっています。

左のまとめのページでは，図やイラストを豊富に用いて，必ずおさえておきたい重要なことがらだけにしぼって，やさしく解説しています。

右の練習問題のページでは，学習したことが身についたかどうか，確認できる問題が掲載されています。わからないときはまとめのページを見ながら問題が解ける構成になっていますので，自分のペースで学習を進めることができます。

この本を1冊終えたときに，みなさんが理科のことを1つでも多く「わかる！」と感じるようになり，「もっと知りたい！」と思ってもらえたらとてもうれしいです。みなさんのお役に立てることを願っています。

株式会社　旺文社

本書の特長と使い方

1単元は2ページ構成です。左のページで重要項目の解説を読んで理解したら，右のページの練習問題に取り組みましょう。

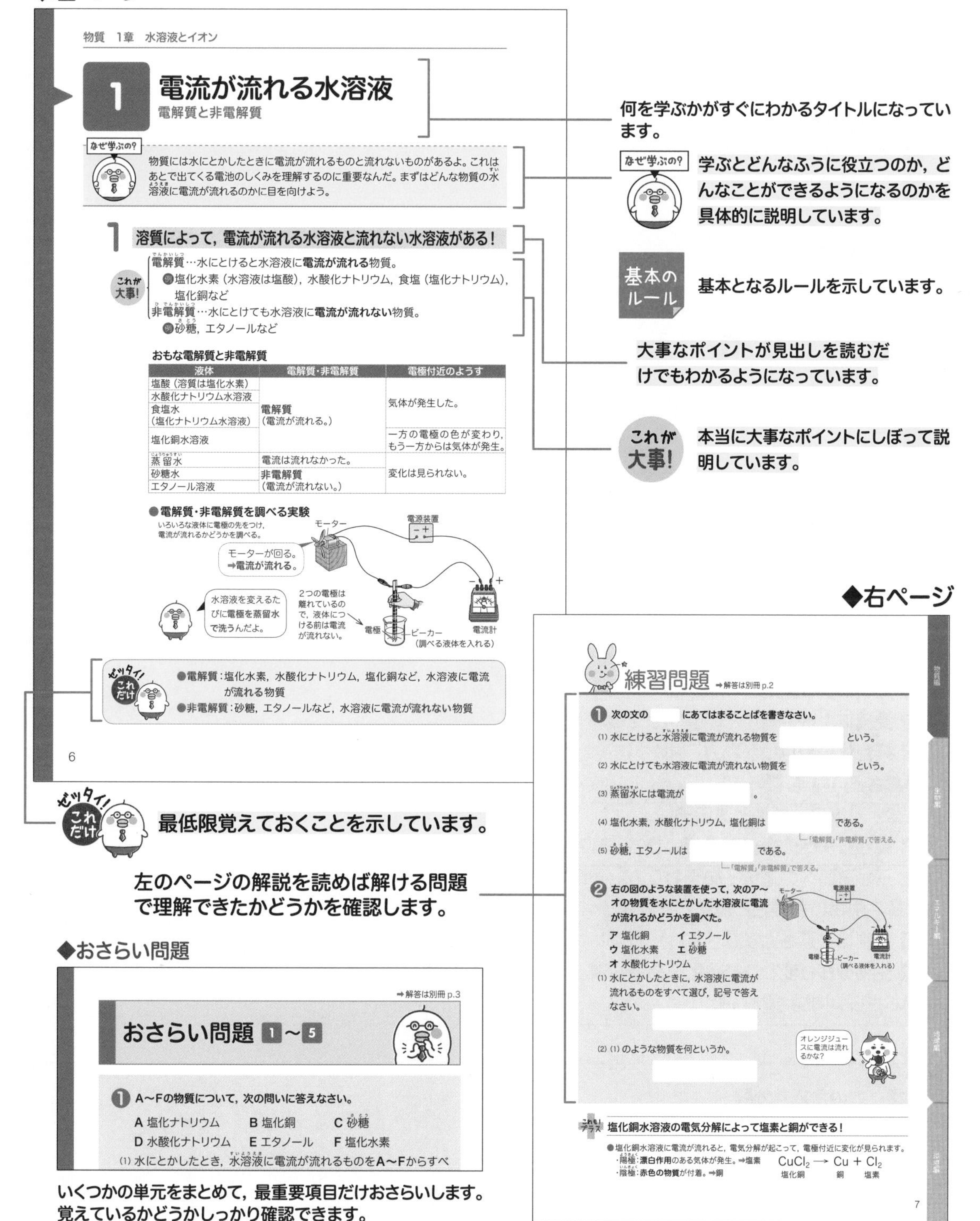

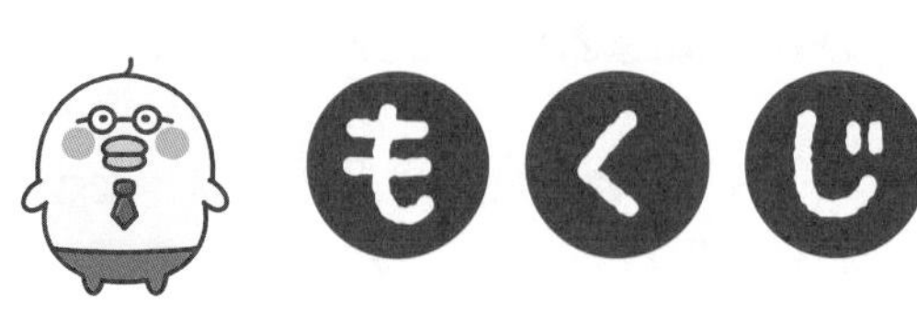

物質編

生命編

エネルギー編

地球編

環境編

Web上でのスケジュール表について

下記にアクセスすると1週間の予定が立てられて，ふり返りもできるスケジュール表（PDFファイル形式）をダウンロードすることができます。ぜひ活用してください。
https://www.obunsha.co.jp/service/toteyasa/

電流が流れる水溶液

電解質と非電解質

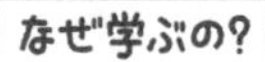

物質には水にとかしたときに電流が流れるものと流れないものがあるよ。これはあとで出てくる電池のしくみを理解するのに重要なんだ。まずはどんな物質の水溶液に電流が流れるのかに目を向けよう。

1 溶質によって，電流が流れる水溶液と流れない水溶液がある！

これが大事！

電解質…水にとけると水溶液に**電流が流れる**物質。

例 塩化水素（水溶液は塩酸），水酸化ナトリウム，食塩（塩化ナトリウム），塩化銅など

非電解質…水にとけても水溶液に**電流が流れない**物質。

例 砂糖，エタノールなど

おもな電解質と非電解質

液体	電解質・非電解質	電極付近のようす
塩酸（溶質は塩化水素）	**電解質**（電流が流れる。）	気体が発生した。
水酸化ナトリウム水溶液		
食塩水（塩化ナトリウム水溶液）		
塩化銅水溶液		一方の電極の色が変わり，もう一方からは気体が発生。
蒸留水	電流は流れなかった。	変化は見られない。
砂糖水	**非電解質**（電流が流れない。）	
エタノール溶液		

●電解質・非電解質を調べる実験

いろいろな液体に電極の先をつけ，電流が流れるかどうかを調べる。

モーター　電源装置　－　＋

モーターが回る。
➡**電流が流れる。**

水溶液を変えるたびに**電極を蒸留水で洗う**んだよ。

2つの電極は離れているので，液体につける前は電流が流れない。

電極　ビーカー（調べる液体を入れる）　電流計　－　＋

●**電解質**：塩化水素，水酸化ナトリウム，塩化銅など，水溶液に**電流が流れる物質**

●**非電解質**：砂糖，エタノールなど，水溶液に**電流が流れない物質**

練習問題 ➡解答は別冊 p.2

❶ 次の文の ＿＿ にあてはまることばを書きなさい。

(1) 水にとけると水溶液（すいようえき）に電流が流れる物質を ＿＿＿＿ という。

(2) 水にとけても水溶液に電流が流れない物質を ＿＿＿＿ という。

(3) 蒸留水（じょうりゅうすい）には電流が ＿＿＿＿ 。

(4) 塩化水素，水酸化ナトリウム，塩化銅は ＿＿＿＿ である。
└「電解質」「非電解質」で答える。

(5) 砂糖（さとう），エタノールは ＿＿＿＿ である。
└「電解質」「非電解質」で答える。

❷ 右の図のような装置を使って，次のア～オの物質を水にとかした水溶液に電流が流れるかどうかを調べた。

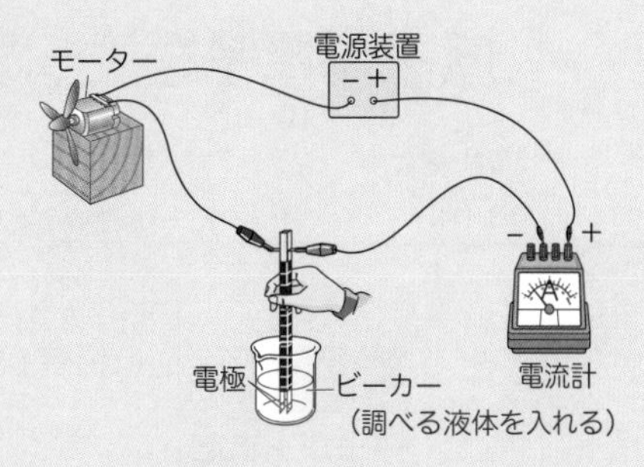

ア 塩化銅　　**イ** エタノール
ウ 塩化水素　　**エ** 砂糖（さとう）
オ 水酸化ナトリウム

(1) 水にとかしたときに，水溶液に電流が流れるものをすべて選び，記号で答えなさい。

＿＿＿＿

(2) (1) のような物質を何というか。

＿＿＿＿

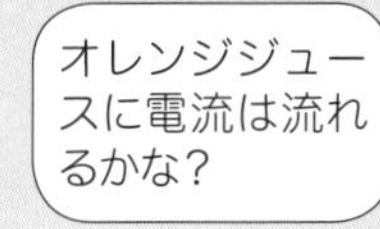

これも！プラス **塩化銅水溶液の電気分解によって塩素と銅ができる！**

●塩化銅水溶液に電流が流れると，電気分解が起こって，電極付近に変化が見られます。
・陽極（ようきょく）：**漂白作用**のある気体が発生。➡**塩素**
・陰極（いんきょく）：**赤色の物質**が付着。➡**銅**

$$CuCl_2 \longrightarrow Cu + Cl_2$$
塩化銅　　銅　　塩素

2 電気を帯びた粒子の正体

原子の構造とイオン

なぜ学ぶの？

導線に電流が流れているときは－(マイナス)の電気をもった電子が流れているんだよ。実は，電解質(でんかいしつ)の水溶液(すいようえき)の中には電気をもった粒子(りゅうし)があるんだ。これらの粒子のイメージをここでしっかりつかんでおくと，このあとの内容が理解しやすくなるよ。

1 原子は3種類の非常に小さい粒子からできている！

これが大事！

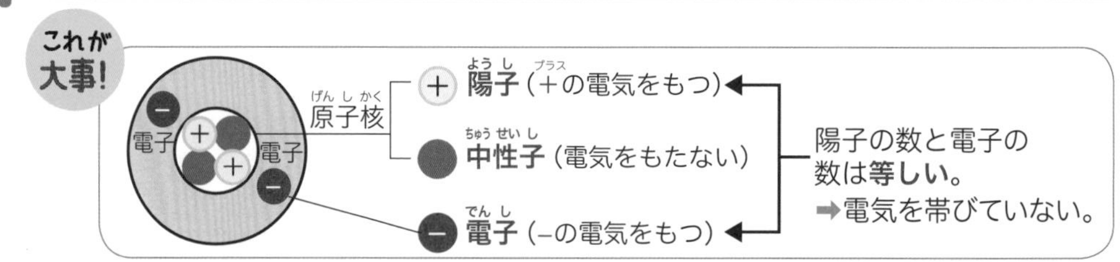

2 原子が電子を失ったり受けとったりすると電気を帯びる！

これが大事！

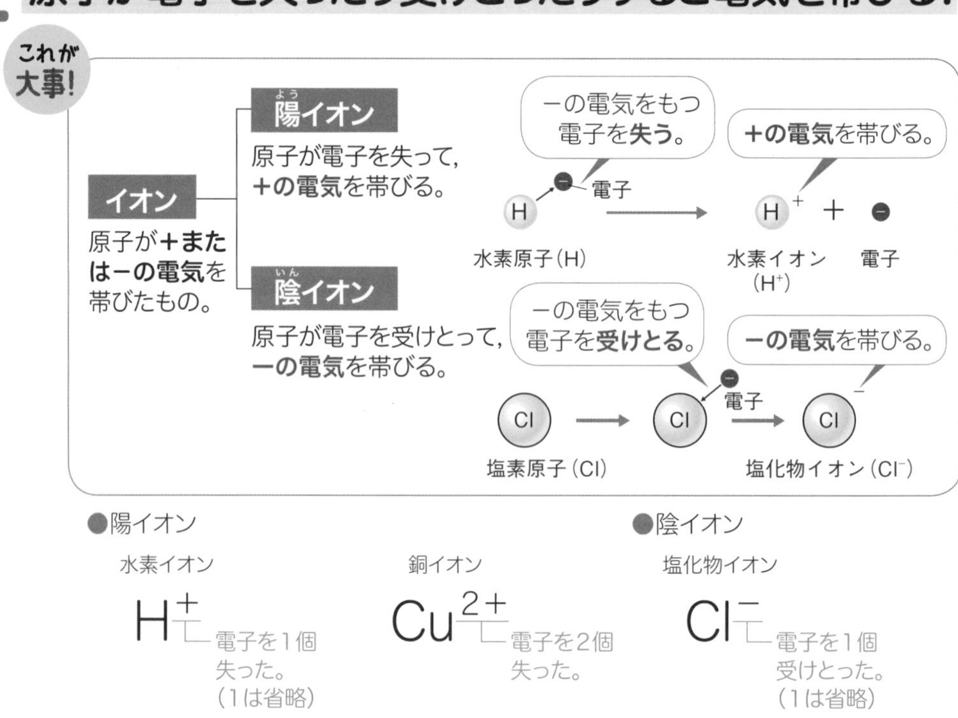

●陽イオン

水素イオン H^+ 電子を1個失った。（1は省略）

銅イオン Cu^{2+} 電子を2個失った。

●陰イオン

塩化物イオン Cl^- 電子を1個受けとった。（1は省略）

●原子：原子核（陽子＋中性子）＋電子

●イオン
- 陽イオン：電子を失って＋の電気をもつ
- 陰イオン：電子を受けとって－の電気をもつ

練習問題

➡解答は別冊 p.2

❶ 次の文の ＿＿ にあてはまることばを書きなさい。

(1) 原子の中心には① ＿＿ があり，そのまわりに－（マイナス）の電気をもつ
② ＿＿ がある。

(2) 原子核（げんしかく）は＋（プラス）の電気をもつ① ＿＿ と電気をもたない
② ＿＿ でできている。

(3) 原子が＋または－の電気を帯びたものを ＿＿ という。

(4) 原子が電子（でんし）を失うと，① ＿＿ の電気を帯びた
② ＿＿ になる。原子が電子を受けとると，
③ ＿＿ の電気を帯びた④ ＿＿ になる。

❷ 塩素原子は陽子（ようし）を17個もっている。

(1) 塩素原子は電子を何個もっているか。 ＿＿

(2) 塩素原子は電子を１個受けとってイオンになる。塩素原子は陽イオン，陰イオンのどちらになるか。

＿＿

これも！プラス　陽子１個の＋の電気の量＝電子１個の－の電気の量

- 原子の中の**陽子の数と電子の数は等しい。**
- 陽子１個あたりの**＋の電気の量**と電子１個あたりの**－の電気の量**は等しい。

｝＋の電気と－の電気が打ち消し合い，**原子全体は電気を帯びていない。**

3 電解質とイオン

電離

塩化ナトリウムや塩化銅のような電解質は，陽イオンと陰イオンがたがいに結びついてできているんだ。水にとけるとこれらの物質はどうなるのかに注目しよう。粒子のイメージをしっかりつかもう。

1 電解質は水にとかすとイオンに分かれる！

これが大事！ ●**電離**…電解質が水にとけて，**陽イオンと陰イオンに分かれること。**

塩化ナトリウム水溶液＝**電解質**の水溶液

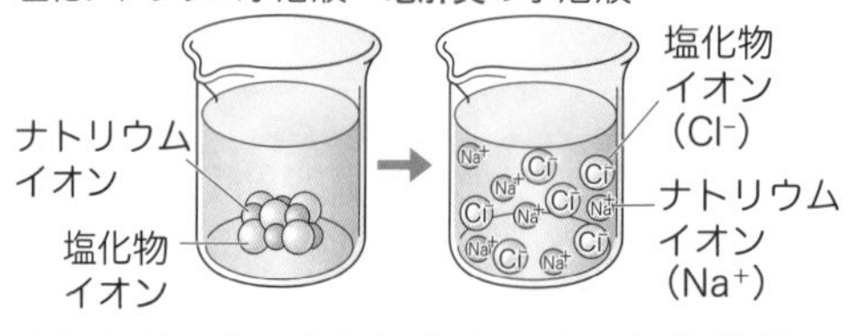

水にとけると，**ナトリウムイオンと塩化物イオンに分かれ**，水中に散らばる。
➡**電流が流れる。**

砂糖水＝**非電解質**の水溶液

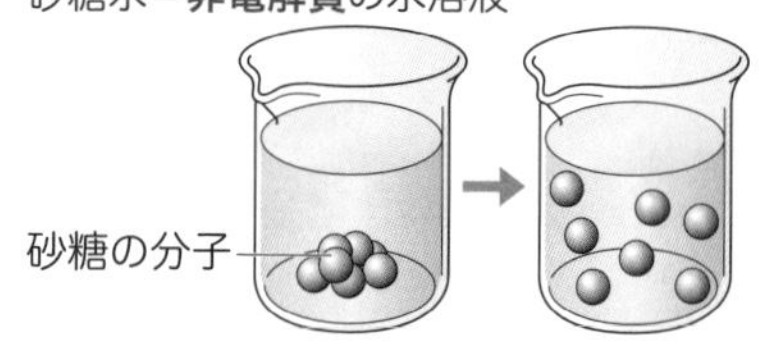

水にとけても，分子のまま水中に散らばり，**電離しない。**
➡**電流が流れない。**

2 電離のようすはイオンを表す化学式で表す！

イオンの化学式

水素イオン	H^+	亜鉛イオン	Zn^{2+}	塩化物イオン	Cl^-
ナトリウムイオン	Na^+	銅イオン	Cu^{2+}	水酸化物イオン	OH^-
マグネシウムイオン	Mg^{2+}	銀イオン	Ag^+	硫酸イオン	SO_4^{2-}

これが大事！

電離したようす

塩化水素　：$HCl \longrightarrow H^+ + Cl^-$

水酸化ナトリウム：$NaOH \longrightarrow Na^+ + OH^-$

塩化ナトリウム　：$NaCl \longrightarrow Na^+ + Cl^-$

●電離：**電解質**が水にとけて**陽イオン**と**陰イオン**に分かれる
●電離のようす：**電離する前の物質 ⟶ 陽イオン＋陰イオン**　で表す

練習問題 ➡解答は別冊 p.2

❶ 次の文の □ にあてはまることばを書きなさい。

(1) ① □ が水にとけて，陽イオンと陰イオンに分かれることを

② □ という。

(2) 電解質の水溶液は水溶液中に □ があるので，電流が流れる。

❷ 次の (1)～(4) のイオンを化学式で表しなさい。また，(5)～(7) の電離を表した式の □ に化学式を入れなさい。

(1) ナトリウムイオン □　(2) 塩化物イオン □

(3) 水酸化物イオン □　(4) 硫酸イオン □

(5) 塩化水素　HCl ⟶ ① □（陽イオン） + ② □（陰イオン）

(6) 水酸化ナトリウム　NaOH ⟶ ① □（陽イオン） + ② □（陰イオン）

(7) 塩化ナトリウム　NaCl ⟶ ① □（陽イオン） + ② □（陰イオン）

これも！プラス

電離のようすを表す式のつくり方

❶物質名やイオン名で表す。　塩化銅 ⟶ 銅イオン + 塩化物イオン

❷それぞれの化学式を書く。　$CuCl_2$　Cu^{2+}　Cl^-

❸左辺と右辺で原子の数を確認。　└Cu 1個, Cl 2個　└Cu 1個　└Cl 1個

➡右辺に塩化物イオンを1個追加。　$CuCl_2$ ⟶ Cu^{2+} + $2Cl^-$

❹右辺の＋(プラス)の数と－(マイナス)の数を確認する。　└＋2個　└－2個

4 金属とイオン

金属のイオンへのなりやすさ

うすい塩酸に亜鉛(あえん)を入れると，亜鉛がとけて水素が発生するけど，うすい塩酸に銅を入れても変化が見られないんだ。このちがいをイオンをもとに考えよう。このあとの電池のしくみを学ぶうえでも重要だよ。

1 亜鉛のほうが銅より陽イオンになりやすい！

これが大事！

金属が**電解質**(でんかいしつ)の水溶液(すいようえき)にとけるとき，
➡金属の**原子**は水溶液中で**電子**(でんし)**を放出して陽**(よう)**イオンに**変化する。

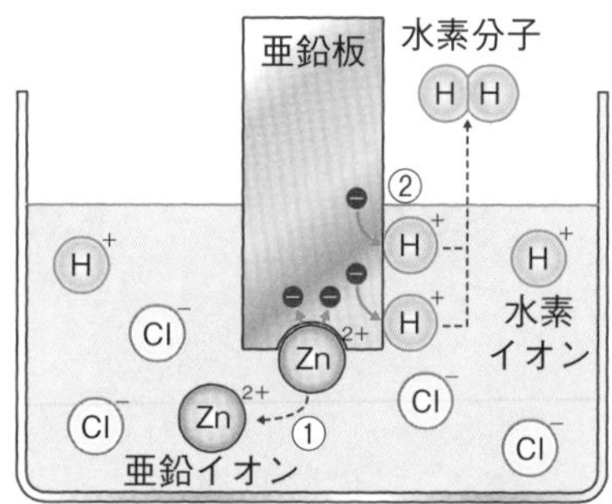

例 うすい塩酸に亜鉛板を入れる。
➡亜鉛原子が**電子を2個放出**して，**亜鉛イオン**になる。(図の①)
➡**電子をうすい塩酸中の水素イオンが受けとって水素原子**となり，2個結びついて**水素分子**となる。(図の②)

これが大事！

●金属の**種類**によって**陽イオンへのなりやすさ**がちがう。
●**マグネシウム**，**亜鉛**，**銅**の順に**陽イオンになりやすい**。

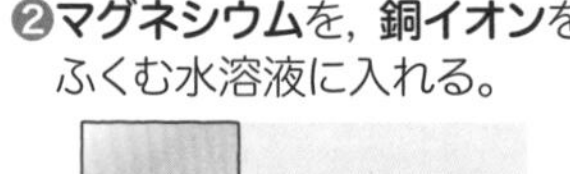

❶**マグネシウム**を，**亜鉛イオン**をふくむ水溶液に入れる。

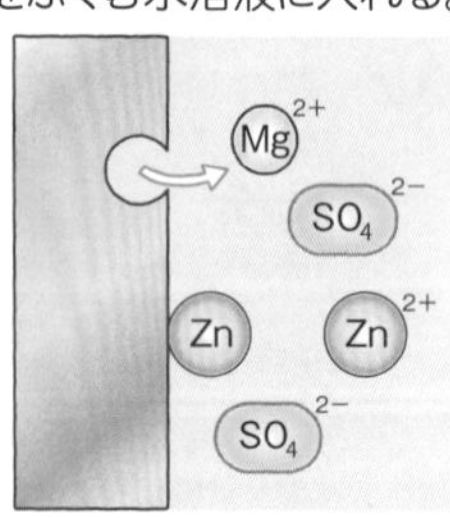

金属板がうすくなり，**灰色の亜鉛**が付着。
⬇
陽イオンへのなりやすさ
Mg＞Zn

❷**マグネシウム**を，**銅イオン**をふくむ水溶液に入れる。

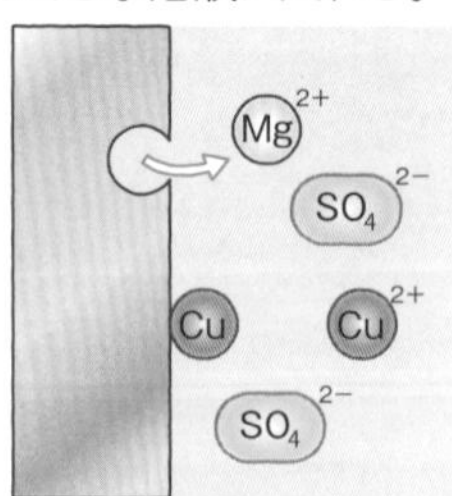

金属板がうすくなり，**赤色の銅**が付着。
⬇
陽イオンへのなりやすさ
Mg＞Cu

❸**亜鉛**を，**銅イオン**をふくむ水溶液に入れる。

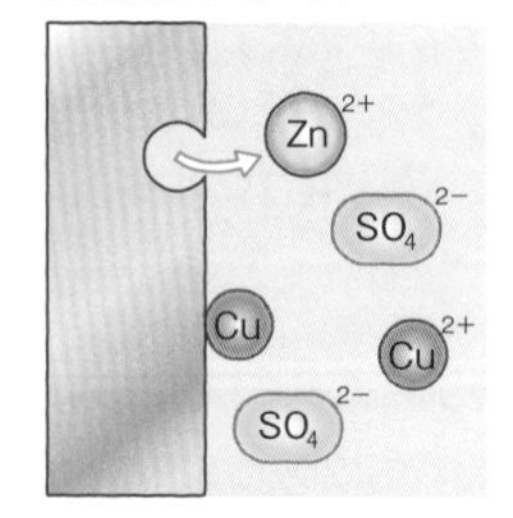

金属板がうすくなり，**赤色の銅**が付着。
⬇
陽イオンへのなりやすさ
Zn＞Cu

●金属→電解質の水溶液にとける→**電子を放出して陽イオン**になる
●金属Aを金属Bのイオンをふくむ水溶液に入れる→**金属Aがとけ，金属Bが出てくる**→金属Aのほうが金属Bより**イオンになりやすい**

練習問題

➡解答は別冊 p.2

1 次の文の ＿＿ にあてはまることばを書きなさい。

(1) 金属が① ＿＿ の水溶液にとけるとき，金属の原子は

② ＿＿ を放出して③ ＿＿ イオンに変化している。

(2) マグネシウムを硫酸亜鉛水溶液に入れると，マグネシウムの厚さは

① ＿＿ なり，灰色の② ＿＿ が付着することから，

③ ＿＿ のほうが陽イオンになりやすいことがわかる。

(3) マグネシウムを硫酸銅水溶液に入れると，マグネシウムの厚さは

① ＿＿ なり，赤色の② ＿＿ が付着することから，

③ ＿＿ のほうが陽イオンになりやすいことがわかる。

(4) 亜鉛を硫酸銅水溶液に入れると，亜鉛の厚さは① ＿＿ なり，

赤色の② ＿＿ が付着することから，③ ＿＿ のほうがイオンになりやすいことがわかる。

2 右の図は，亜鉛を硫酸銅水溶液に入れたときの化学変化を表したものである。

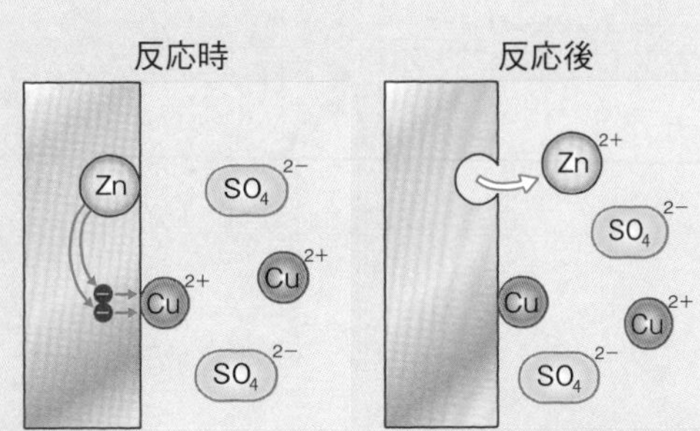

(1) 付着した銅は何色か。

＿＿

(2) この実験から，亜鉛と銅のどちらが陽イオンへなりやすいことがわかるか。

＿＿

物質編 生命編 エネルギー編 地球編 環境編

5 電池のしくみ
ダニエル電池

金属が電解質の水溶液にとけるとき，金属の原子は電子を放出して陽イオンになるんだったね[p.12]。この電子を利用して電気エネルギーをとり出しているのが電池だよ。電池のしくみを知っておこう。

1 電池は化学エネルギーを電気エネルギーにする！

- **化学エネルギー**…物質がもともともっているエネルギー。
- **電池（化学電池）**…化学変化を利用して，物質のもつ**化学エネルギーを電気エネルギーに変換して**とり出す装置。

（電気エネルギー：電流がもつ，物体を動かしたりする能力。）

これが大事！

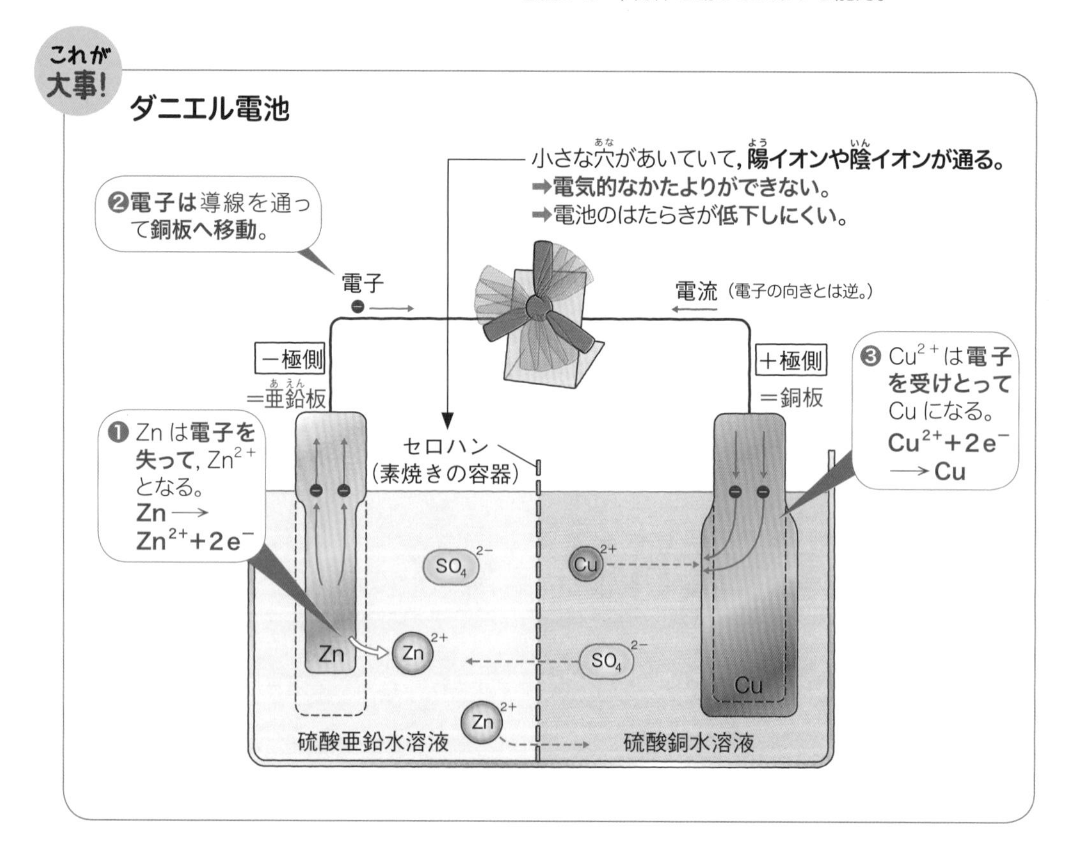

- 電池（化学電池）：化学エネルギーを電気エネルギーに変換
- ダニエル電池：−極→亜鉛板，＋極→銅板

練習問題 ➡解答は別冊 p.3

➡解答は別冊 p.3

❶ 次の文の［　　］にあてはまることばを書きなさい。

(1) 物質がもともともっているエネルギーを［　　　　］エネルギーという。

(2) 化学変化を利用して，物質のもつ化学エネルギーを電気エネルギーに変換してとり出す装置を［　　　　］という。

(3) ダニエル電池で使われる①［　　　　］や素焼きの容器には小さな穴があり，陽イオンや陰イオンを通過させ，電気的なかたよりができ②［　　　　］ようになっている。

❷ 右の図は，ダニエル電池のしくみを表したものである。

A
B
セロハン
SO_4^{2-}
Cu^{2+}
Zn
Cu
Zn^{2+}
SO_4^{2-}
亜鉛
銅
硫酸亜鉛水溶液
硫酸銅水溶液

(1) －極になるのは，A・Bのどちらか。

［　　　　］

(2) 金属がとけ出すのは，A・Bのどちらか。

［　　　　］

(3) 硫酸亜鉛水溶液から硫酸銅水溶液へと移動するのは，Zn^{2+}，Cu^{2+}，SO_4^{2-}のどれか。

［　　　　］

これも！プラス 燃料電池は水の電気分解と逆の化学変化を利用する！

●**燃料電池**…燃料電池自動車などに使われ，**水素と酸素から水ができる**ときの化学変化で**電気エネルギーをとり出す**。発生するのが水だけなので，環境への悪影響が少ない。

➡解答は別冊 p.3

おさらい問題 1～5

❶ A～Fの物質について，次の問いに答えなさい。

A 塩化ナトリウム　B 塩化銅　C 砂糖
D 水酸化ナトリウム　E エタノール　F 塩化水素

(1) 水にとかしたとき，水溶液に電流が流れるものをA～Fからすべて選び，記号で答えなさい。

(2) (1)のような物質を何というか。

(3) 水にとかしたとき，陽イオンと陰イオンに分かれることを何というか。

(4) 水にとかしたとき，陽イオンと陰イオンに分かれるものをA～Fからすべて選び，記号で答えなさい。

❷ 右の図は，ヘリウム原子のモデルを表している。

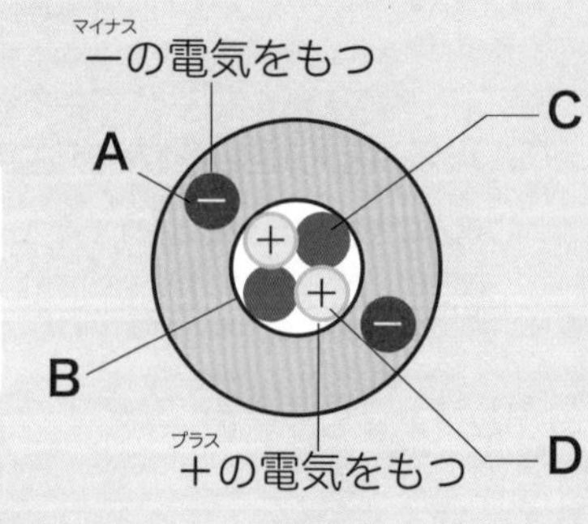

(1) A，Bは，何を表しているか。

A
B

(2) Bの内部のC，Dは，何を表しているか。

C　D

(3) 原子は全体では電気を帯びているか。

❸ 右の図は，マグネシウムに硫酸亜鉛水溶液を加えたときの化学変化を表したものである。

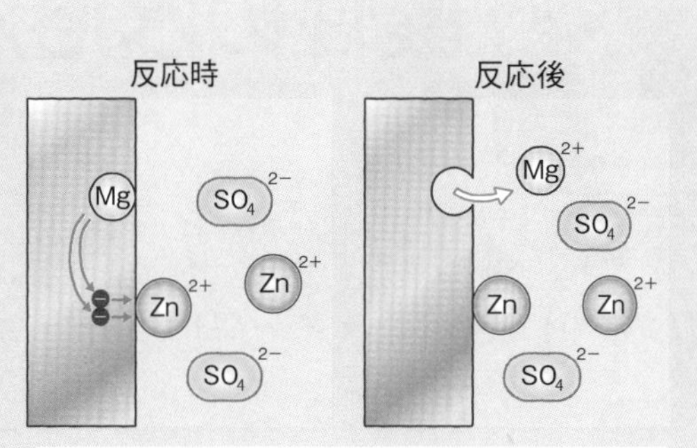

⑴ 硫酸亜鉛の電離のようすを，化学式を使って表しなさい。

⑵ マグネシウムと亜鉛のどちらが陽イオンになりやすいか。

❹ 右の図は，ダニエル電池のしくみを表したものである。

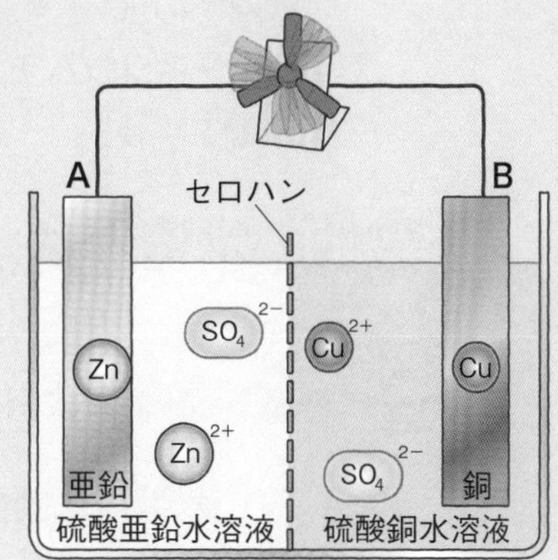

⑴ **A**，**B**はそれぞれ＋極，－極のどちらになるか。

A　　**B**

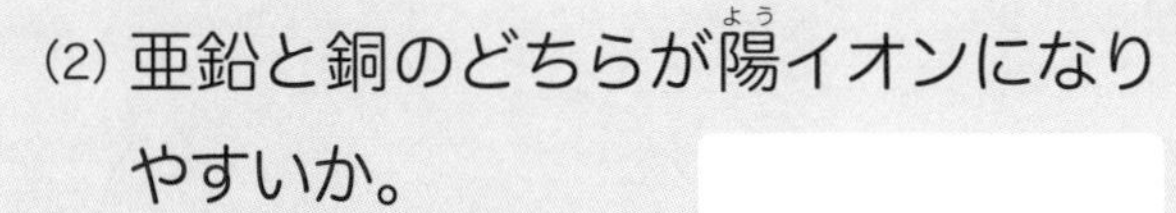

⑵ 亜鉛と銅のどちらが陽イオンになりやすいか。

⑶ **A**，**B**で起きた化学変化を，化学式を使って表しなさい。ただし，電子はe^-で表すものとする。

A

B

⑷ セロハンをイオンが移動できないガラスに変えると，**A**，**B**付近の水溶液はそれぞれ，電気的に＋，－のどちらにかたよるか。

A　　**B**

6 酸性の水溶液とイオン

酸

水溶液は，酸性，中性，アルカリ性に分類できたね。実は，このような水溶液の性質にもイオンが関係しているよ。イオンに注目して，まずは酸性の水溶液に目を向けよう。

1 酸性の水溶液は緑色のBTB溶液を黄色に変える！

酸性の水溶液の性質　例 塩酸，硫酸，硝酸，酢酸，炭酸，レモン汁など

❶青色リトマス紙を**赤色**に変える。
❷緑色のBTB溶液を**黄色**に変える。
❸マグネシウムを入れると，**水素**が発生する。

レモン汁の味のもとはクエン酸だよ。

2 酸性の水溶液は水素イオンをもっている！

これが大事！

●**酸**…水溶液中で電離して，**水素イオン**を生じる。
　└電解質
水溶液は**酸性**を示す。
　└共通の性質は水素イオンによる。

酸	→	水素イオン	+	陰イオン
HCl 塩化水素	→	H^+ 水素イオン	+	Cl^- 塩化物イオン
H_2SO_4 硫酸	→	$2H^+$ 水素イオン	+	SO_4^{2-} 硫酸イオン

●**酸性の正体を調べる実験**

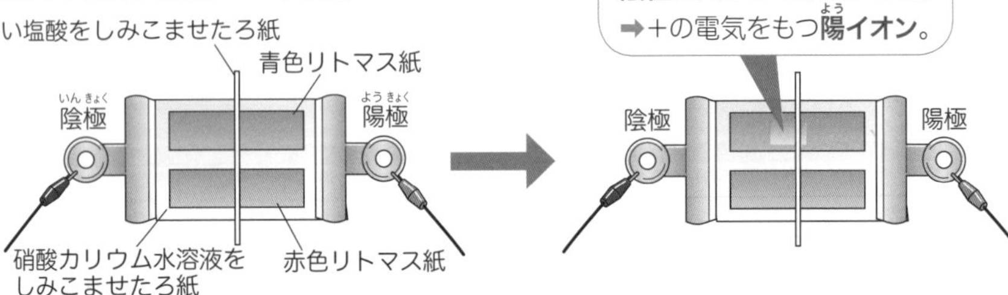

●酸性：**青色リトマス紙→赤色**，緑色の**BTB溶液→黄色**
●**酸**：水溶液中で電離して**水素イオン**（H^+）を生じる物質

練習問題 ➡解答は別冊 p.4

❶ 次の文の □ にあてはまることばを書きなさい。

(1) 酸性の水溶液は青色リトマス紙を □ に変える。

(2) 酸性の水溶液は緑色のBTB溶液を □ に変える。

(3) 酸性の水溶液にマグネシウムを入れると □ が発生する。

(4) 酸性の水溶液に共通する性質は, □ イオンによるものである。

(5) 水溶液中で電離して水素イオンを生じる物質を □ という。

❷ 酸性の水溶液にふくまれるイオンについて, 次の問いに答えなさい。

(1) 次の①, ②の式は, 水溶液中で物質が電離するようすを表したものである。□ にあてはまるイオンの化学式を入れなさい。

① 塩化水素:HCl ⟶ ❶ □（陽イオン）＋ ❷ □（陰イオン）

② 硫酸:H_2SO_4 ⟶ ❶ □（陽イオン）＋ ❷ □（陰イオン）

(2) 酸性の水溶液に共通してふくまれるイオンの**名前**と**化学式**を答えなさい。

名前 □ **化学式** □

(3) 電離して (2) のイオンを生じる物質を何というか。

□

7 アルカリ性の水溶液とイオン

アルカリ

なぜ学ぶの？

アルカリ性の水溶液は赤色リトマス紙を青色に変えるはたらきがあるよ。ほかにはどんな共通する性質があるか，イオンに注目して見つけるよ。

1 アルカリ性の水溶液は緑色のBTB溶液を青色に変える！

これが大事！

アルカリ性の水溶液の性質

例 水酸化ナトリウム水溶液，水酸化バリウム水溶液，アンモニア水など

❶赤色リトマス紙を**青色**に変える。
❷緑色のBTB溶液を**青色**に変える。
❸フェノールフタレイン溶液を**赤色**に変える。

フェノールフタレイン溶液は，酸性や中性では**無色**だよ。

2 アルカリ性の水溶液は水酸化物イオンをもっている！

これが大事！

●**アルカリ**…水溶液中で電離して**水酸化物イオン**を生じる。
└電解質

水溶液は**アルカリ性**を示す。
└共通の性質は水酸化物イオンによる。

OH^-が共通だね。

アルカリ	→	陽イオン	+	水酸化物イオン
$NaOH$ 水酸化ナトリウム	→	Na^+ ナトリウムイオン	+	OH^- 水酸化物イオン
$Ba(OH)_2$ 水酸化バリウム	→	Ba^{2+} バリウムイオン	+	$2OH^-$ 水酸化物イオン

●**アルカリ性の正体を調べる実験**

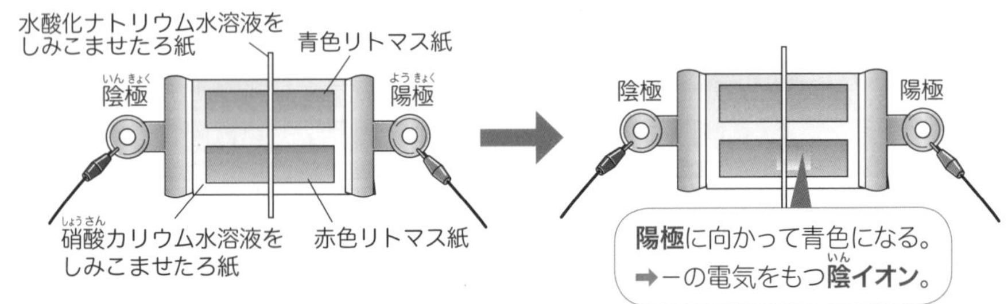

ゼッタイ！これだけ

●アルカリ性：**赤色リトマス紙→青色**，緑色の**BTB溶液→青色**
●**アルカリ**：水溶液中で電離して**水酸化物イオン**（OH^-）を生じる物質

練習問題

➡解答は別冊 p.4

❶ 次の文の [　　] にあてはまることばを書きなさい。

(1) アルカリ性の水溶液(すいようえき)は赤色リトマス紙を [　　　　] に変える。

(2) アルカリ性の水溶液は緑色のBTB溶液を [　　　　] に変える。

(3) アルカリ性の水溶液はフェノールフタレイン溶液を [　　　　] に変える。

(4) アルカリ性の水溶液に共通する性質は, [　　　　] イオンによるものである。

(5) 水溶液中で電離(でんり)して水酸化物イオンを生じる物質を [　　　　] という。

❷ アルカリ性の水溶液にふくまれるイオンについて, 次の問いに答えなさい。

(1) 次の①, ②の式は, 水溶液中で物質が電離するようすを表したものである。[　　] にあてはまるイオンの化学式を入れなさい。

① 水酸化ナトリウム:NaOH→❶ [　　　　] (陽(よう)イオン) ＋❷ [　　　　] (陰(いん)イオン)

② 水酸化バリウム:$Ba(OH)_2$→❶ [　　　　] (陽イオン) ＋❷ [　　　　] (陰イオン)

(2) アルカリ性の水溶液に共通してふくまれるイオンの**名前**と**化学式**を答えなさい。

名前 [　　　　　　] **化学式** [　　　　]

(3) 電離して (2) のイオンを生じる物質を何というか。

[　　　　　　]

8 酸とアルカリの反応
中和

酸性の水溶液(すいようえき)は水素イオン（H^+），アルカリ性の水溶液は水酸化物イオン（OH^-）をもっているんだったね[p.18, 20]。これらを混ぜたらどうなるか考えていこう。

1 酸とアルカリを混ぜるとたがいに打ち消し合う！

●**中和**(ちゅうわ)…**酸とアルカリがたがいの性質を打ち消し合う**化学変化。
酸の水溶液中の**水素イオン**（酸性を示す。）と**アルカリ**の水溶液中の**水酸化物イオン**（アルカリ性を示す。）が結びついて**水が生じる**。

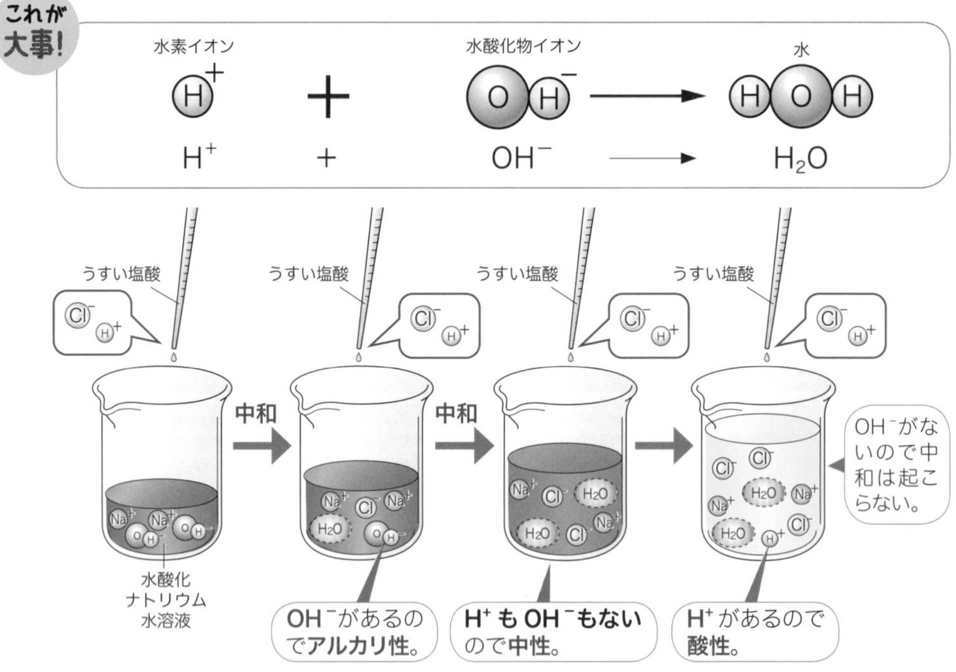

●**塩**(えん)…中和のとき，**酸の陰**(いん)**イオン**と**アルカリの陽**(よう)**イオン**が結びついてできる物質。

例 うすい塩酸と水酸化ナトリウム水溶液の中和

$$\underset{酸}{HCl} + \underset{アルカリ}{NaOH} \longrightarrow \underset{塩}{NaCl} + \underset{水}{H_2O}$$

●中和：酸とアルカリが**たがいの性質を打ち消し合う**化学変化
●**塩**：**酸の陰イオンとアルカリの陽イオン**が結びついた物質

練習問題 →解答は別冊 p.4

1 次の文の［　　］にあてはまることばを書きなさい。

(1) 酸とアルカリがたがいの性質を打ち消し合う化学変化を［　　　］という。

(2) 水素イオンと水酸化物イオンから［　　　］が生じる。

(3) 中和(ちゅうわ)によって，酸の①［　　　］イオンとアルカリの②［　　　］イオンが結びついてできる物質を塩(えん)という。

2 右の図のように，BTB溶液(ようえき)を加えた水酸化ナトリウム水溶液(すいようえき)にうすい塩酸を少しずつ加えた。

(1) うすい塩酸を加える前の水溶液は何色か。

［　　　］

(2) 水溶液が緑色になったとき，水溶液にふくまれるイオンを化学式ですべて答えなさい。

［　　　］

(3) (2) の水溶液をスライドガラスに1滴(てき)とり，水を蒸発させると白い粒(つぶ)が出てきた。この粒は何か。化学式で答えなさい。

［　　　］

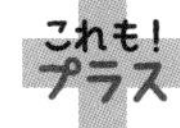

酸性→pH＜7，中性→pH＝7，アルカリ性→pH＞7

pH(ピーエイチ)…pHの値(あたい)が**7のときは中性**，pHの値が**7より小さいときは酸性**，pHの値が**7より大きいときはアルカリ性**です。

青色リトマス紙の色も赤色リトマス紙の色も変えない。

物質編 生命編 エネルギー編 地球編 環境編

➡解答は別冊 p.4

おさらい問題 6～8

❶ 水溶液の性質について，次の問いに答えなさい。

(1) 次の**ア～カ**を**酸性**の性質と**アルカリ性**の性質に分け，記号で答えなさい。

酸性 ＿＿＿＿ **アルカリ性** ＿＿＿＿

ア BTB溶液は青色になる。 **イ** BTB溶液は黄色になる。
ウ 赤色リトマス紙を青色に変える。
エ 青色リトマス紙を赤色に変える。
オ 無色のフェノールフタレイン溶液を赤色に変える。
カ マグネシウムや鉄などの金属と反応して水素が発生する。

(2) 水溶液が中性を示すとき，pHの値はいくつか。 ＿＿＿＿

(3) pHの値が(2)より小さい水溶液は，
酸性・アルカリ性のどちらか。 ＿＿＿＿

❷ 酸性の水溶液とアルカリ性の水溶液にふくまれるイオンについて，次の問いに答えなさい。

(1) 次の①，②の物質が電離するようすを表す式を完成させなさい。

① 塩化水素： $HCl \longrightarrow$ ＿＿＿＿

② 硫酸： $H_2SO_4 \longrightarrow$ ＿＿＿＿

(2) **酸性**，**アルカリ性**の性質を示すイオンの名前を答えなさい。

酸性 ＿＿＿＿ **アルカリ性** ＿＿＿＿

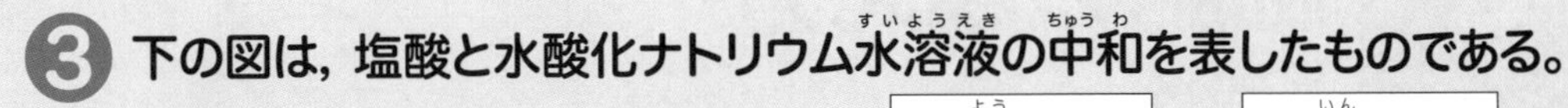

❸ 下の図は，塩酸と水酸化ナトリウム水溶液の中和を表したものである。

塩酸　HCl → A（陽イオン）＋ B（陰イオン）

水酸化ナトリウム水溶液　NaOH → C（陽イオン）＋ D（陰イオン）

（BとC → E，AとD → F）

(1) **A～D**にあてはまるイオンの化学式をそれぞれ答えなさい。

A　　　　**B**

C　　　　**D**

(2) **B**と**C**が結びついてできる化合物**E**と，**A**と**D**が結びついてできる化合物**F**の化学式をそれぞれ答えなさい。

E　　　　**F**

❹ 下の図は，BTB溶液を少量加えた水酸化ナトリウム水溶液にうすい塩酸を少しずつ加えたときのイオンのようすを表したものである。

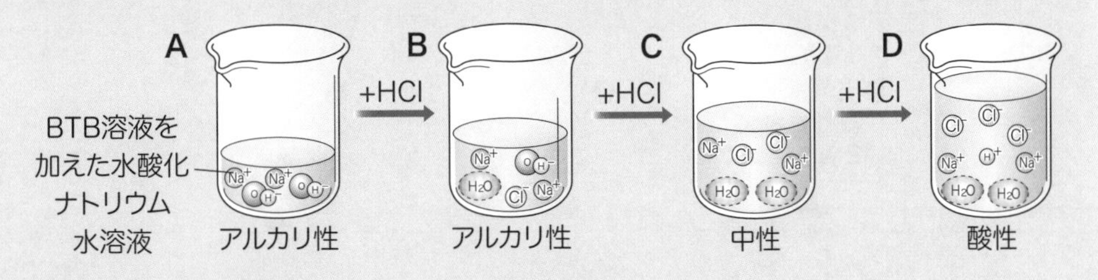

(1) 塩酸を加える前のビーカー**A**の水溶液は何色をしているか。

(2) ビーカー**B・C・D**の水溶液は，それぞれ何色をしているか。

B　　　　**C**　　　　**D**

細胞のふえ方
細胞分裂

ヒトのような多細胞生物は，成長するにつれて細胞の数が増えていくんだ。わたしたちが成長するとき，細胞にどのような変化が起きているのか知っておこう。

1　1つの細胞は細胞分裂で2つに分かれる!

- **細胞分裂**…**1つの細胞が2つに分かれる**こと。
  体細胞分裂と**減数分裂** [p.34] がある。
- **体細胞分裂**…**体細胞で起こる**細胞分裂。
  └ からだをつくる細胞のうち，生殖細胞[p.30]以外の細胞。
- **染色体**…細胞分裂のときに見られる**ひも状のもの**。生物の種類によって，**染色体の数は決まっている**。

植物細胞の体細胞分裂のしかた

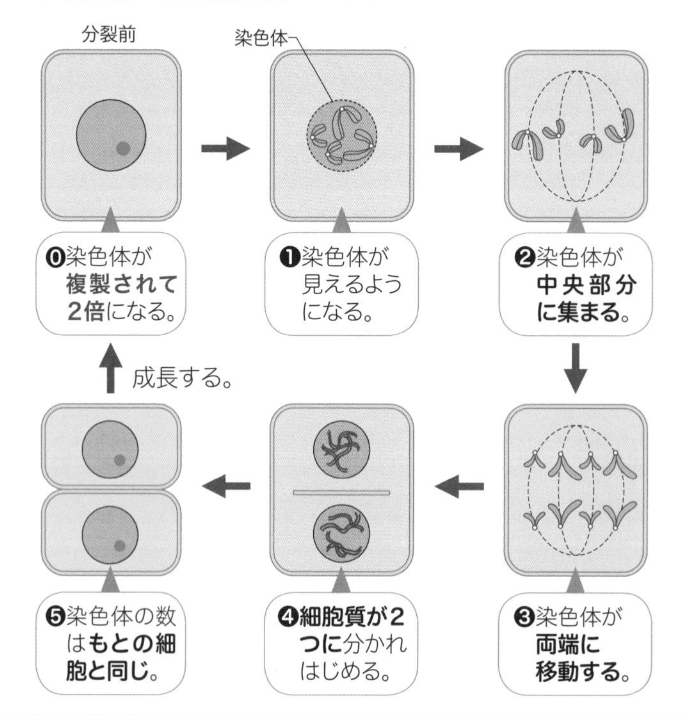

- 細胞分裂：1つの細胞が**2つに分かれること**
- 細胞分裂の前に染色体が**複製されて2倍**になる

練習問題

➡解答は別冊 p.5

1 次の文の［　　　］にあてはまることばを書きなさい。

(1) 1つの細胞(さいぼう)が2つに分かれることを［　　　　　］という。

(2) 細胞分裂(さいぼうぶんれつ)のときに見られるひも状のものを［　　　　　］という。

(3) 体細胞分裂(たいさいぼうぶんれつ)は，次のように進む。

❶ 細胞分裂がはじまると，［　　　　　］が見えるようになる。

❷ 染色体(せんしょくたい)が［　　　　　］部分に集まる。

❸ 染色体が［　　　　　］に移動する。

❹ ［　　　　　］が2つに分かれる。

2 下の図は，細胞分裂のようすを表したものである。細胞分裂が行われる順に，B～Fを並べなさい。

A
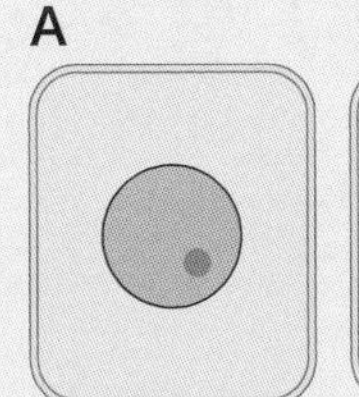
B
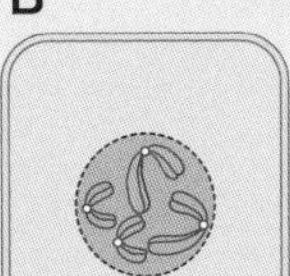
C
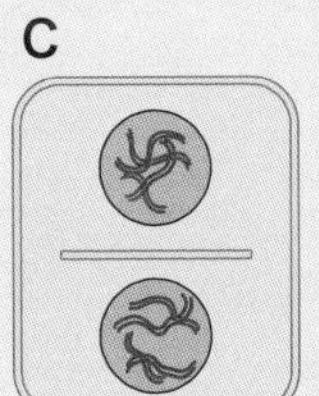
D
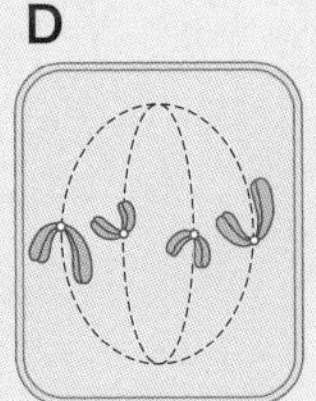
E
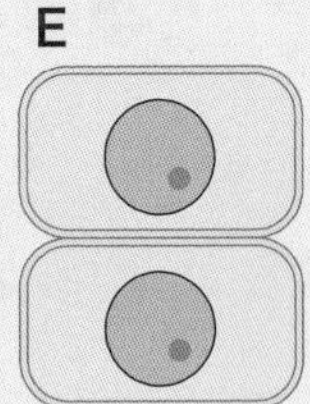
F
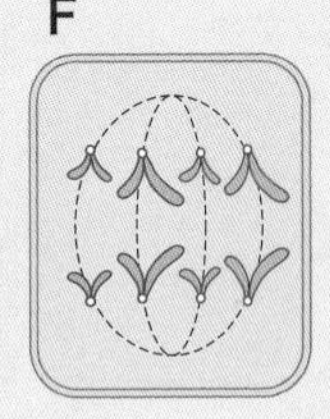

A →　　　→　　　→　　　→　　　→

これも！プラス　分裂した細胞は大きくなる！

●生物は，**体細胞分裂**によって細胞の数が増え，さらに分裂した細胞が大きくなることで，からだ全体が成長する。

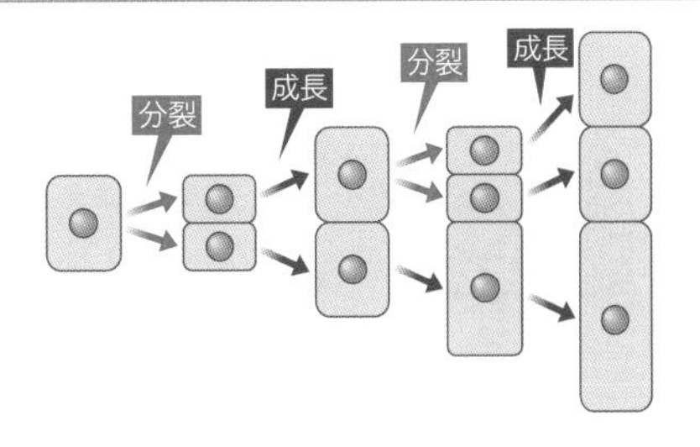

10 体細胞分裂によるふえ方

無性生殖

植物は種子や胞子でふえたね。でも，セイロンベンケイのように，葉から芽が出てその芽から新しい個体ができる植物もあるんだよ。このようなふえ方の特徴に注目しよう。家庭菜園にも役立ちそうだ。

1 雌雄の親を必要としないふえ方がある!

●**無性生殖**…雌雄の親を必要とせず**体細胞分裂**[p.26]によって新しい個体をつくる**生殖**。**分裂**，**出芽**，**栄養生殖**などがある。

└─被子植物ならめしべとおしべ，動物なら雌と雄がふつう必要。

└─自分と同じ種類の新しい個体をつくること。

●**分裂**…からだが2つに分かれることで新しい個体がつくられること。**単細胞生物の多く**は**分裂**でふえる。

例 アメーバ，ゾウリムシなど

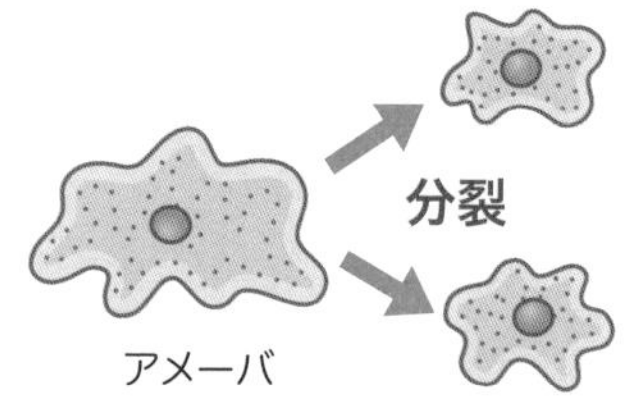

●**出芽**…からだの一部から**芽が出るようにふくらみ**，それが分かれて新しい個体になる。

例 酵母，ヒドラなど

●**栄養生殖**…植物の**からだの一部**から新しい個体をつくること。

例 セイロンベンケイ（葉），
オリヅルラン，オランダイチゴ（ほふく茎），
ジャガイモ（茎）など

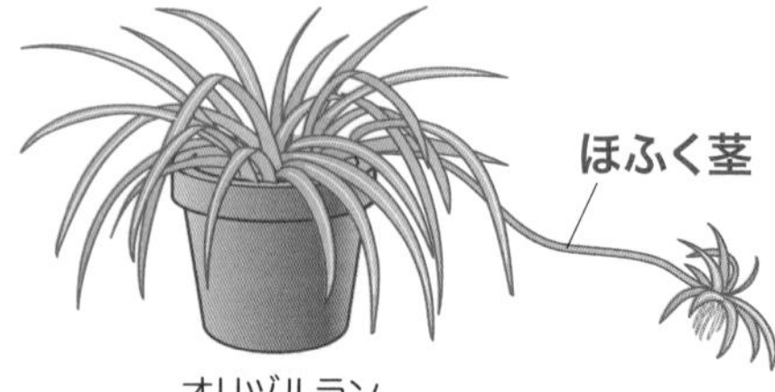

●生殖：同じ種類の新しい個体をつくる
●無性生殖：体細胞分裂によって新しい個体をつくる
分裂，出芽，栄養生殖など

練習問題 ➡解答は別冊 p.5

1 次の文の　　　にあてはまることばを書きなさい。

(1) 生物が自分と同じ種類の新しい個体をつくることを　　　という。

(2) 雌雄の親を必要とせず，体細胞分裂によって新しい個体をつくるふえ方を　　　という。

(3) アメーバなど①　　　生物の多くは，からだが2つに分かれることで新しい個体がつくられる。このようなふえ方を②　　　という。

(4) 酵母などは，からだの一部から芽が出るようにふくらみ，それが分かれて新しい個体になる。このようなふえ方を　　　という。

(5) オランダイチゴのほふく茎のように，植物のからだの一部から新しい個体をつくるふえ方を　　　という。

2 次のア～エの生物のふえ方について，あとの問いに答えなさい。

ア ジャガイモ　**イ** アメーバ　**ウ** ヒドラ　**エ** ゾウリムシ

(1) からだが2つに分かれることで新しい個体がつくられるようなふえ方を何というか。

(2) (1)のようなふえ方をする生物を上の**ア～エ**からすべて選び，記号で答えなさい。

(3) 栄養生殖を行う生物を上の**ア～エ**からすべて選び，記号で答えなさい。

受精による生殖①

植物の有性生殖

植物の場合，種子でふえるのは有性生殖だよ。栄養生殖をする植物も，受粉して種子をつくることでふえることもできるんだ。植物の有性生殖に目を向けよう。

1 植物が種子をつくるのは有性生殖！

これが大事！

- **有性生殖**…**雌雄の親がかかわって**新しい個体をつくる生殖。
  生殖細胞によって新しい個体ができる。
- **生殖細胞**…**子孫をつくるための特別な細胞**。
  植物では，**花粉の中**の**精細胞**とめしべの**胚珠の中**の**卵細胞**。
- **受精**…**花粉管**の中を移動してきた**精細胞の核と胚珠の中の卵細胞の核が合体**すること（被子植物の場合）。
  └受粉すると，花粉から胚珠に向かってのびる管。

これが大事！

花粉がめしべの柱頭につく（**受粉**）と，花粉から**花粉管**がのびる。

花粉管の中を精細胞が移動する。胚珠に達すると，**精細胞の核と卵細胞の核が合体**し（**受精**），**受精卵**ができる。

子房は果実，**胚珠は種子**，**受精卵は胚**になる。

花粉　柱頭　花粉管　精細胞　おしべ　子房　胚珠

精細胞　卵細胞　子房　胚珠

胚　種子　果実

受粉 → **受精** → **発芽**

←**胚**→

受精卵が細胞分裂をくり返したもの。
将来，植物のからだになるつくりをもつ。

- 有性生殖：**雄雌の親がかかわって**新しい個体をつくる
- 植物の受精：**精細胞**の核と**卵細胞**の核の合体
- 受粉すると…**子房→果実，胚珠→種子，受精卵→胚**

練習問題 ➡解答は別冊 p.5

1 次の文の ＿＿ にあてはまることばを書きなさい。

(1) 植物の生殖細胞は，花粉の中の① ＿＿ と胚珠の中の

② ＿＿ である。

(2) 受粉すると，花粉から胚珠に向かって ＿＿ をのばす。

(3) 花粉管の中を移動してきた① ＿＿ の核と胚珠の中の

② ＿＿ の核が合体することを③ ＿＿ という。

(4) 受精卵は細胞分裂をくり返して ＿＿ になる。

2 右の図は，被子植物の受粉後のめしべのようすを表したものである。

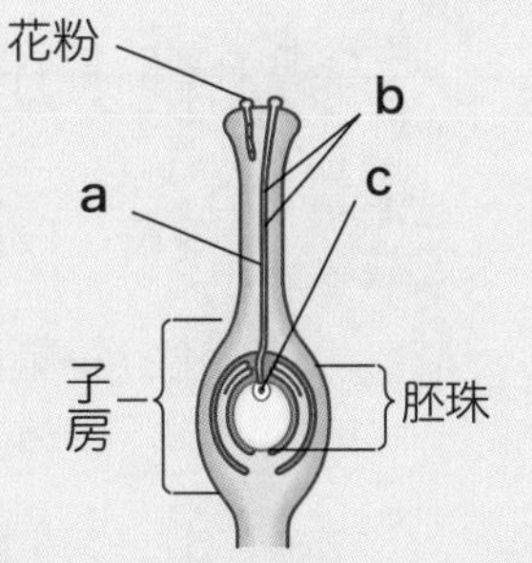

(1) 花粉から胚珠に向かってのびた管aを何というか。

＿＿

(2) b，cは生殖細胞である。それぞれの名前を答えなさい。

b ＿＿ c ＿＿

(3) bの核とcの核が合体することを何というか。 ＿＿

(4) (3) の結果，できる卵を何というか。 ＿＿

(5) (4) は細胞分裂をくり返して何になるか。 ＿＿

12 受精による生殖②

動物の有性生殖

動物がふえるときは，ふつう雌(めす)と雄(おす)が必要だよ。動物のふえ方をカエルを例に考えていこう。すべての生き物がたった1つの小さな細胞から，大きな個体になっていくってすごいことだね。

1 動物の生殖細胞は雄の精子，雌の卵！

- **生殖細胞**(せいしょくさいぼう)…有性生殖で，子孫をつくるための特別な細胞。動物の場合，**卵**や**精子**。
  - 有性生殖：雌雄の親がかかわって新しい個体をつくる。
- **卵**…雌の**卵巣**(らんそう)でつくられる。
- **精子**…雄の**精巣**(せいそう)でつくられる。

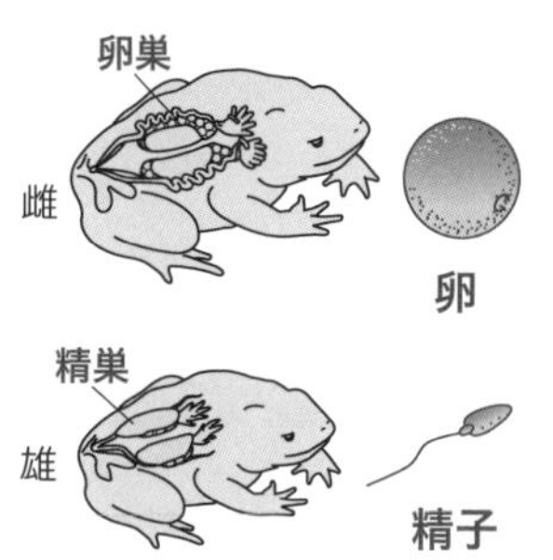

2 卵と精子が受精した受精卵が分裂をくり返して子になる！

- **受精**(じゅせい)…卵に精子が入り，**卵の核と精子の核が合体**すること。
- **胚**(はい)…**受精卵**(じゅせいらん)**が細胞分裂**(さいぼうぶんれつ)**をはじめて自分で食べ物をとりはじめるまで**の個体。

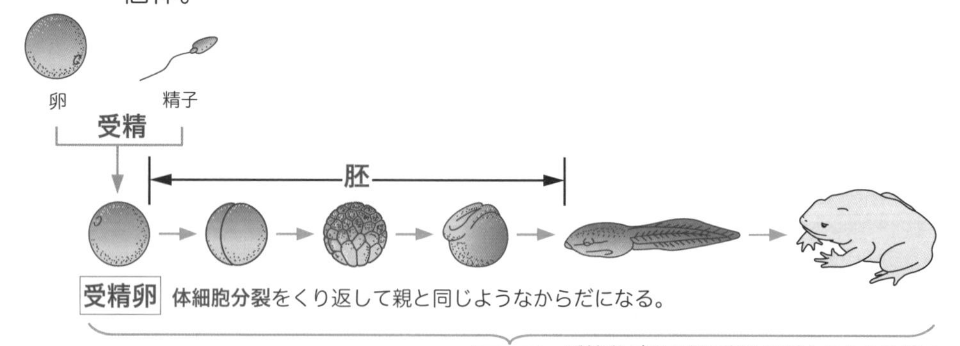

発生(はっせい)　受精卵が胚を経て親と同じようなからだになるまでの過程。

- 動物の**生殖細胞**：雌の**卵巣**内の**卵**と雄の**精巣**内の**精子**
- 動物の**受精**：**卵の核と精子の核が合体すること**
- **発生**：受精卵が**親と同じようなからだになる**までの過程

練習問題 ➡解答は別冊 p.5

1 次の文の [　　] にあてはまることばを書きなさい。

(1) 雌雄(しゆう)の親がかかわって新しい個体をつくる生殖(せいしょく)を [　　] という。

(2) 子孫をつくるための特別な細胞を [　　] という。

(3) 雌(めす)の① [　　] でつくられる生殖細胞(せいしょくさいぼう)を② [　　] という。

(4) 雄(おす)の① [　　] でつくられる生殖細胞を② [　　] という。

(5) 卵(らん)の核と精子(せいし)の核が合体することを [　　] という。

(6) 受精卵(じゅせいらん)が細胞分裂(さいぼうぶんれつ)をはじめて自分で食べ物をとりはじめるまでの個体を [　　] という。

(7) 受精卵が胚(はい)を経て，親と同じようなからだになるまでの過程を [　　] という。

2 下の図は，カエルの有性生殖(ゆうせいせいしょく)を表している。

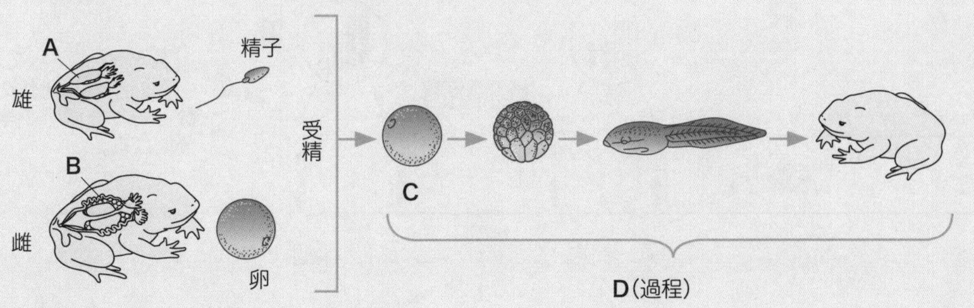

(1) A，Bを何というか。

A [　　] B [　　]

(2) C，Dをそれぞれ何というか。

C [　　] D [　　]

13 染色体の受けつがれ方
減数分裂

細胞には染色体があるんだったね[p.26]。ここでは，生物がふえるときに染色体がどうなるかに注目するよ。これは，このあとで学習する遺伝について知るうえで重要なことなんだ。

1 無性生殖では子の染色体は親とまったく同じ！

●**体細胞分裂**…無性生殖では**体細胞分裂**[p.26]によって新しい個体をつくる。
➡**子の染色体の種類と数は親とまったく同じ**になる。

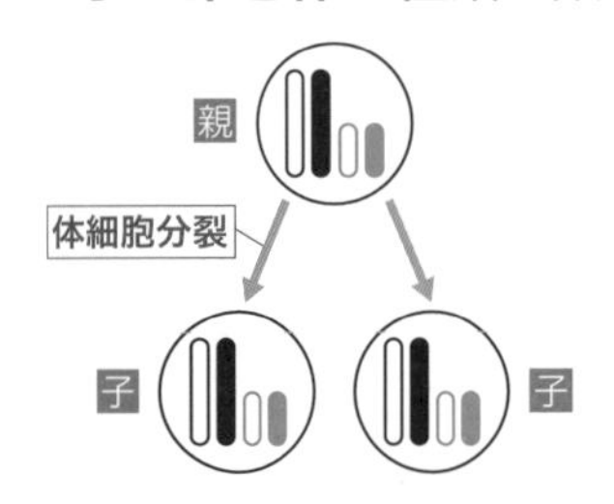

2 生殖細胞がつくられるとき，特別な細胞分裂が行われる！

これが大事！

●**減数分裂**…生殖細胞がつくられるときに行われる，**染色体の数がもとの細胞の半分になる**細胞分裂。

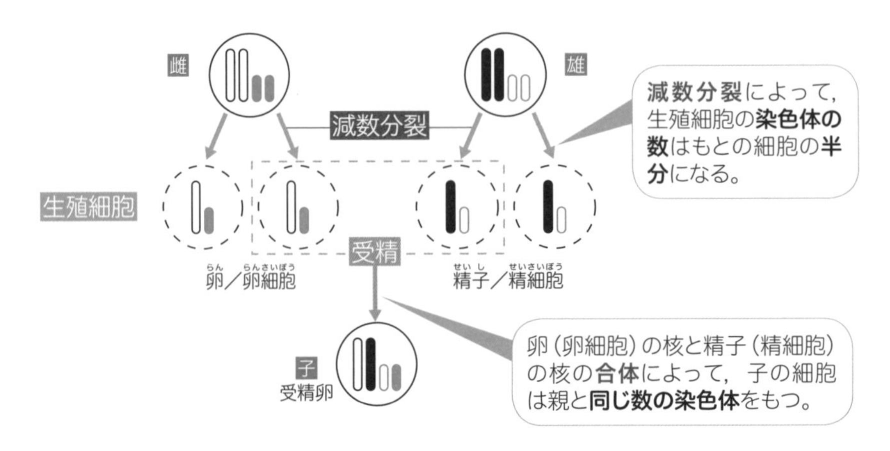

●無性生殖：**体細胞分裂**なので，子の**染色体の数は親と同じ**
●有性生殖：**減数分裂**によって生殖細胞の染色体の数はもとの**半分に**，
受精によって受精卵の染色体の数は**親と同じ**に

練習問題 ➡解答は別冊 p.6

❶ 次の文の［　　］にあてはまることばを書きなさい。

(1) 無性生殖では，［　　　　　］によって新しい個体をつくる。

(2) 無性生殖では，子の染色体の種類と数は親と［　　　　　］になる。

(3) 有性生殖で，①［　　　　　］がつくられるときに行われる，染色体の数がもとの細胞の半分になる細胞分裂を②［　　　　　］という。

(4) 有性生殖では，①［　　　　　］によって染色体の数がもとの細胞の半分になり，②［　　　　　］によって親の体細胞と同じ数になる。

❷ 生殖細胞がつくられるときには特別な細胞分裂が行われる。

(1) この特別な細胞分裂を何というか。［　　　　　］

(2) (1)の細胞分裂によって，生殖細胞の染色体の数はどうなるか。次の**ア〜ウ**から1つ選び，記号で答えなさい。［　　］

ア もとの細胞の2倍になる。　**イ** もとの細胞の半分になる。
ウ もとの細胞と同じになる。

(3) 受精卵の染色体について適切なものを，次の**ア〜ウ**から1つ選び，記号で答えなさい。［　　］

ア 両方の親の染色体をそのまま受けつぐ。
イ 両方の親の染色体を半分ずつ受けつぐ。
ウ 片方の親の染色体をそのまま受けつぐ。

➡解答は別冊 p.6

おさらい問題 9～13

1 下の図は，細胞分裂のようすを表したものである。

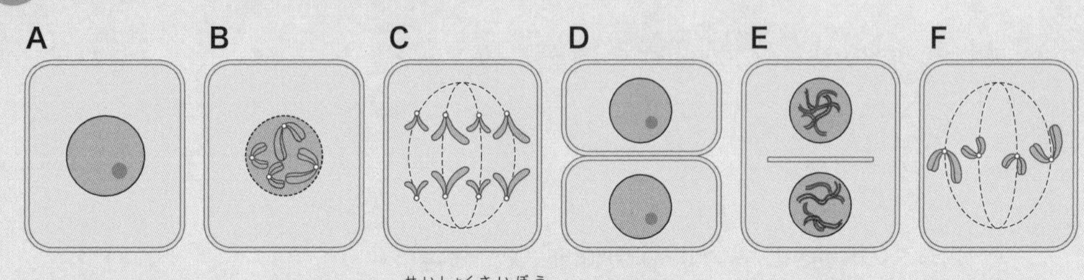

(1) からだをつくる細胞（生殖細胞を除く）が行う細胞分裂を何というか。

(2) 染色体が複製されているのは，**A～F**のどの状態のときか。

(3) **A～F**を細胞分裂の順に並べなさい。ただし，**A**を最初とする。

2 下の図は，カエルの受精卵が成長するようすを表したものである。

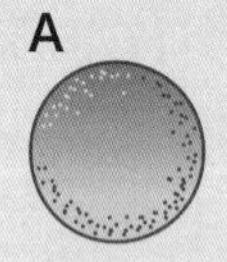

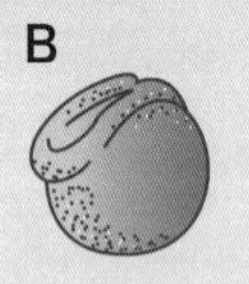

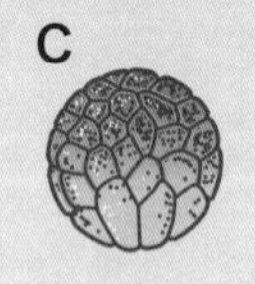

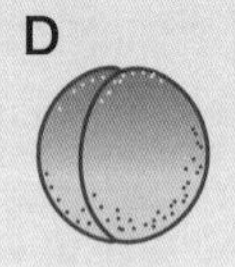

(1) 受精卵が育つ順に**A～D**を並べなさい。

→　→　→

(2) 受精卵が胚を経て親と同じようなからだになるまでの過程を何というか。

③ 右の図は，被子植物の受粉後のようすを表したものである。

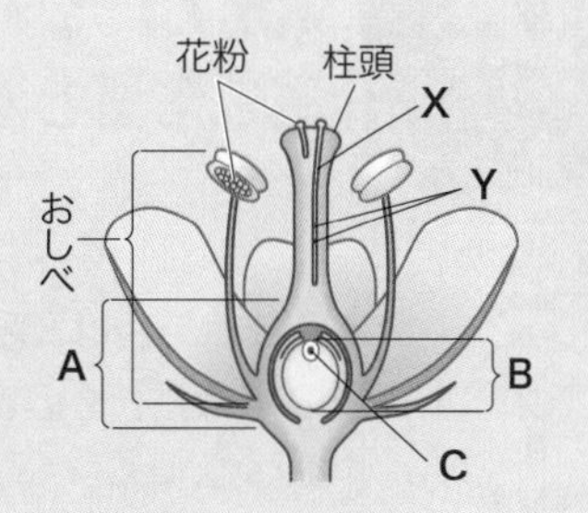

(1) 花粉からのびている管Xを何というか。

(2) 管Xの中を移動しているYを何というか。

(3) Yの核がCの核と合体することを何というか。

(4) (3) のあと，A〜Cはそれぞれ何になるか。

A　　B　　C

④ 右の図は，ホウセンカAとBの体細胞の核にある染色体を表したものである。

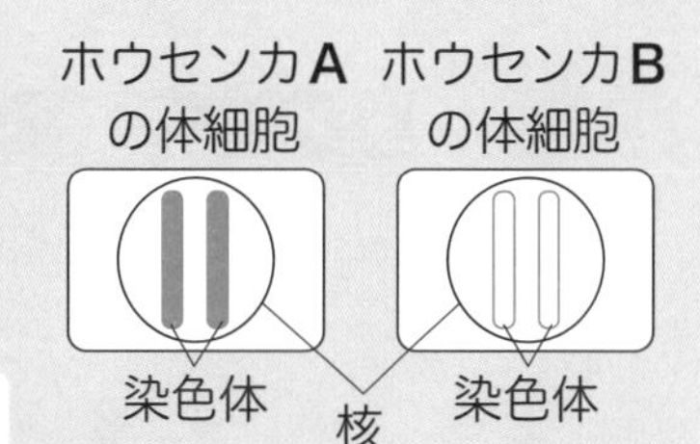

(1) 生殖細胞をつくるときに行われる特別な細胞分裂を何というか。

(2) ホウセンカA，ホウセンカBのつくる生殖細胞の染色体はどのように表されるか。ア〜オから1つずつ選び，記号で答えなさい。

ホウセンカAの生殖細胞

ホウセンカBの生殖細胞

ア 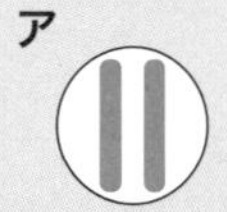
イ 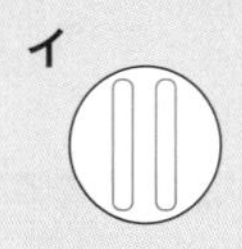
ウ 
エ 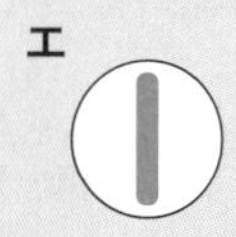
オ 

(3) ホウセンカAの花粉をホウセンカBの柱頭に受粉させてできたホウセンカCの体細胞の染色体はどのように表されるか。(2) のア〜オから1つ選び，記号で答えなさい。

14 親から子への遺伝子の伝わり方

顕性形質と潜性形質

イヌの毛の色は，親と同じだったり，まったくちがっていたりすることがあるんだ。親の特徴は，そのまま子どもに受けつがれるわけではないんだね。親の特徴が子や孫へ伝わるしくみのきまりを学ぶよ。

1 親の特徴は子に現れるものと現れないものがある！

- **遺伝**…親の**形質**が子や孫の世代に伝わること。
  - └生物のもつ形や性質などの特徴。
- **遺伝子**…形質を表すもとになるもの。細胞の核内の**染色体にある。**

これが大事！

対立形質をもつ**純系**どうしをかけ合わせたとき，
└同時に現れない2つの形質。　└親，子，孫と代を重ねても同じ形質が現れるもの。
子に現れる形質を**顕性形質**，子に現れない形質を**潜性形質**という。

メンデルの実験　その1　丸い種子をつくる純系としわのある種子をつくる純系をかけ合わせる。

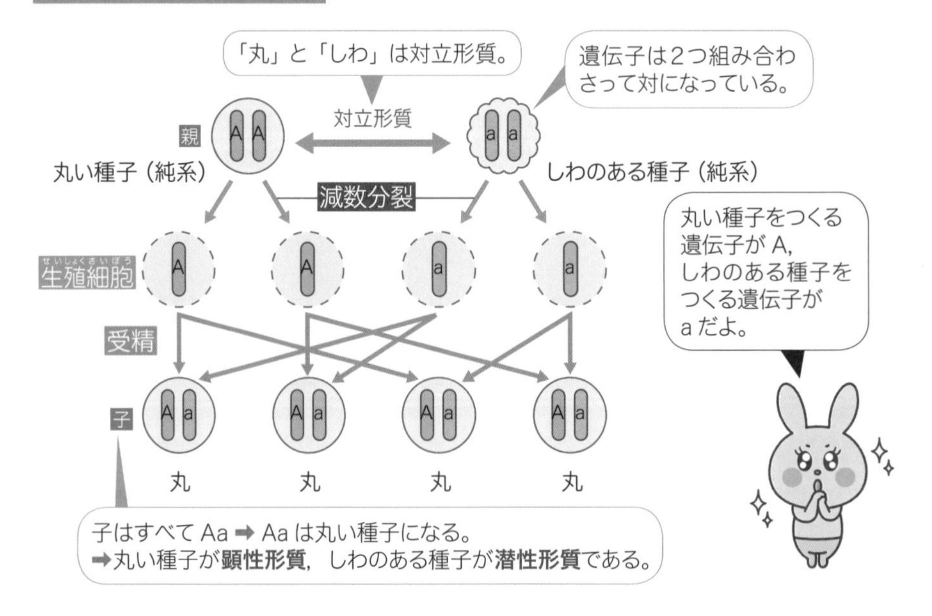

- **遺伝**：親の形質が子や孫の世代に伝わること
- 対立形質をもつ純系どうしをかけ合わせたとき
  子に現れる形質→**顕性形質**，子に現れない形質→**潜性形質**

練習問題 ➡解答は別冊 p.6

❶ 次の文の［　　］にあてはまることばを書きなさい。

(1) 生物のもつ形や性質などの特徴(とくちょう)を［　　　　］という。

(2) 親の形質(けいしつ)が子や孫の世代に伝わることを［　　　　］という。

(3) エンドウの種子の形の「丸」「しわ」のように，同時に現れない2つの形質を［　　　　］という。

(4) 親，子，孫と代を重ねても同じ形質が現れるとき，これを［　　　　］という。

(5) 対立形質(たいりつけいしつ)をもつ純系(じゅんけい)どうしをかけ合わせたとき，子に現れる形質を①［　　　　］，子に現れない形質を②［　　　　］という。

❷ 右の図は，丸い種子をつくる純系のエンドウとしわのある種子をつくる純系のエンドウをかけ合わせたときのようすを表したものである。

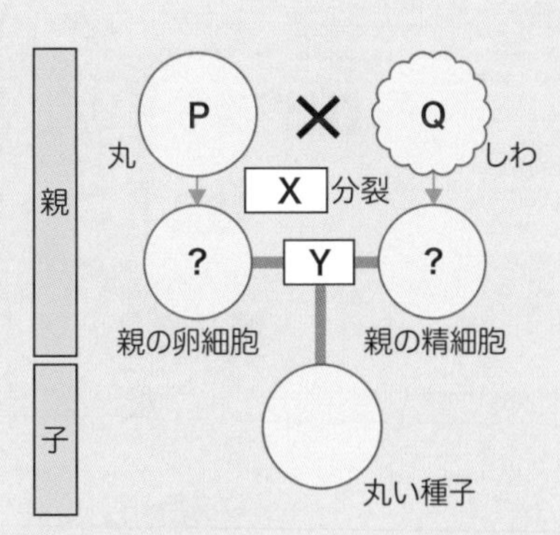

(1) X，Yに入ることばを答えなさい。

X［　　　　］　Y［　　　　］

(2) P，Qの遺伝子(いでんし)の組み合わせをそれぞれ答えなさい。ただし，丸い種子をつくる遺伝子をA，しわのある種子をつくる遺伝子をaとする。

P［　　　　］　Q［　　　　］

(3) 子の遺伝子の組み合わせを答えなさい。

［　　　　］

物質編
生命編
エネルギー編
地球編
環境編

15 子から孫への遺伝子の伝わり方

分離の法則，遺伝子の本体

メンデルの実験では，丸い種子のエンドウとしわのある種子をかけ合わせると，子はすべて丸い種子になったね [p.38]。子どうしをかけ合わせると，丸い種子のほかにしわのある種子もできるんだ。そのしくみを考えていこう。

1 対になっている遺伝子は別々の生殖細胞に入る！

●**分離の法則**…**減数分裂**の結果，**対になっている遺伝子が別々の生殖細胞に入る**こと。

●**自家受粉**…花粉が**同じ花または同じ株**の花のめしべにつくこと。

メンデルの実験　その2　メンデルの実験　その1 [p.38]で得られた子（Aa）を自家受粉させる。

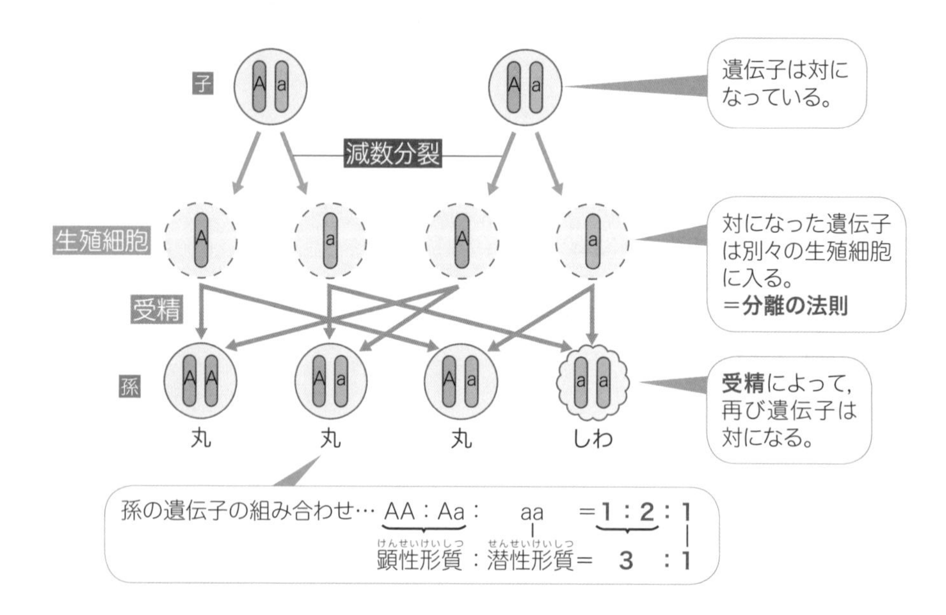

●**分離の法則**：**減数分裂**の結果，対になった遺伝子
→**別々の生殖細胞**に入る

●AA：Aa：aa＝**1：2：1**，顕性形質：潜性形質＝**3：1**

練習問題 ➡解答は別冊 p.7

❶ 次の文の　　　にあてはまることばを書きなさい。

(1) ①　　　　　の結果，対になっている遺伝子が別々の生殖細胞に入ることを②　　　　　の法則という。

(2) 減数分裂で半分になった遺伝子は　　　　　によって再び対になる。

❷ 右の図のように，丸い種子をつくる純系のエンドウ(遺伝子：AA)と，しわのある種子をつくる純系のエンドウ(遺伝子：aa)をかけ合わせ，子を得た。さらに子を自家受粉させて孫の代を得た。

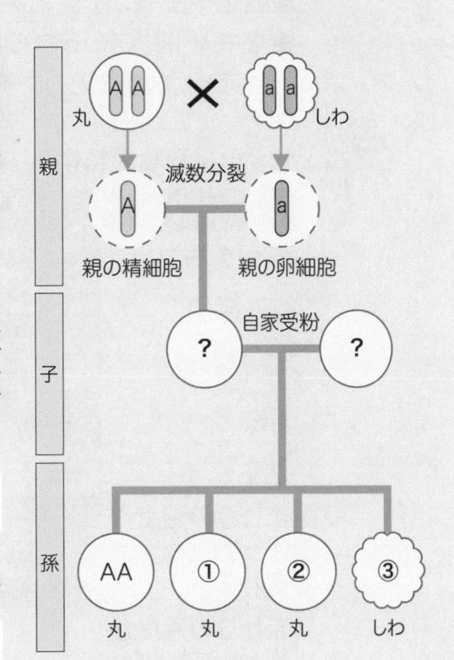

(1) 図のように，親のもつ対になっている遺伝子が，減数分裂によって別々の生殖細胞に入ることを何の法則というか。

(2) 子の種子の形はどうなるか。簡単に書きなさい。

(3) 図の①～③にあてはまる遺伝子の組み合わせをそれぞれ書きなさい。

①　　　　②　　　　③　　　　

これも！プラス　遺伝子の本体は染色体にふくまれる！

●**DNA**（デオキシリボ核酸）…形質のもとになる**遺伝子の本体**。
染色体にふくまれる。

16 生物の共通性と多様性

セキツイ動物の共通点と相違点

セキツイ動物の5つのなかまには，共通するところやちがうところがあったね。共通するところが多いほど，なかまとして近いんだよ。セキツイ動物の特徴(とくちょう)を思い出して，どうやって進化してきたのかイメージしてみよう。

1 共通点が多いほどなかまとして近い！

●**進化**(しんか)…生物が長い年月の中で，**代を重ねる間に変化していく**こと。

●セキツイ動物の5つのなかまはそれぞれ共通の特徴をもち，**共通点が多いほど，なかまとして近い関係にある。**➡進化のようすを推察できる。

これが大事！　**セキツイ動物の特徴**　あてはまるものに○をつける。

特徴	魚類	両生類	ハチュウ類	鳥類	ホニュウ類
背骨をもつ	○	○	○	○	○
えら呼吸	○	○（子）			
肺呼吸		○（親）	○	○	○
卵生(らんせい)	○	○	○	○	
胎生(たいせい)					○
まわりの温度によって，体温が変わる。	○	○	○		
まわりの温度が変わっても，体温はほぼ一定。				○	○

■ 魚類と共通する特徴

例 魚類との共通点の数は，両生類は4つ，ハチュウ類は3つ，鳥類は2つ，ホニュウ類は1つである。
➡魚類ともっとも似ているのは両生類で，次にハチュウ類，鳥類，ホニュウ類の順になる。

●**進化**：生物が，長い年月の中で代を重ねる間に，変化していくこと
●**共通点が多い**ほど，**なかまとして近い**関係にある
→進化のようすを推察できる

練習問題 ➡解答は別冊 p.7

➡解答は別冊 p.7

下の表のように，セキツイ動物の5つのなかまの特徴(とくちょう)をまとめた。

	魚類	両生類	ハチュウ類	鳥類	ホニュウ類
背骨をもつ	○	○	○	○	○
えら呼吸	○	○（子）			
肺呼吸		○（親）	○	○	○
卵生(らんせい)	○	○	○	○	
胎生(たいせい)					○
まわりの温度が変わると，体温が変化する。	○	○	○		
まわりの温度が変わっても，体温はほぼ一定。				○	○

あてはまるものに○をつける。

(1) ホニュウ類ともっとも近い関係にあるのは何類か。

(2) ホニュウ類ともっとも遠い関係にあるのは何類か。

セキツイ動物は，変温動物(へんおんどうぶつ)と恒温動物(こうおんどうぶつ)に分かれる！

- **変温動物**…魚類，両生類，ハチュウ類のように，**まわりの温度が変化すると，体温が変化する**動物。
- **恒温動物**…鳥類，ホニュウ類のように，**まわりの温度が変化しても体温がほぼ一定に保たれる**動物。からだが羽毛や毛でおおわれています。

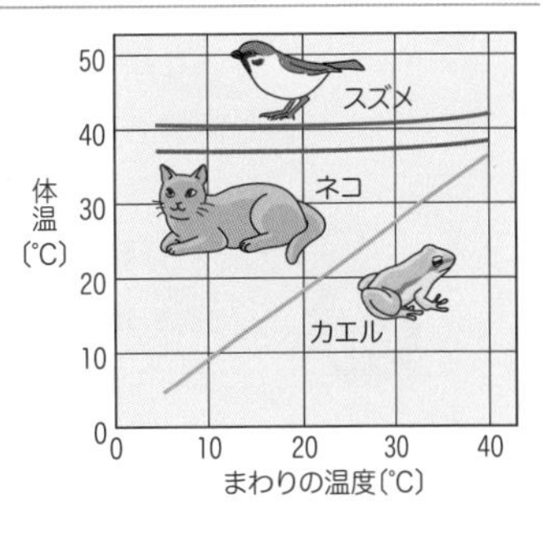

17 生物の移り変わりと進化
進化の証拠

なぜ学ぶの？

セキツイ動物の5つのなかまには，近い関係にあるものと遠い関係にあるものがあったね[p.42]。これは，セキツイ動物の5つのグループが魚類から少しずつ進化したためなんだ。進化の証拠にはどのようなものがあるか注目しよう。

1 進化の証拠はシソチョウの存在と相同器官など！

●**セキツイ動物の進化**…地球上に最初に現れたのは**魚類**である。
➡**魚類の一部から両生類**が進化した。
➡**両生類の一部からハチュウ類とホニュウ類**が進化した。
➡**ハチュウ類から鳥類**が進化した。

これが大事！
●**シソチョウ**…**ハチュウ類の特徴**と**鳥類の特徴**をあわせもつ。
➡**ハチュウ類から鳥類へと進化**したと考えられる。

ハチュウ類の特徴
・口に**歯**がある。
・**つめ**がある。
・**長い尾**がある。

鳥類の特徴
・前あしが**つばさ**になっている。
・**羽毛**におおわれる。

●**相同器官**…見かけの形やはたらきが異なっていても，**基本的なつくりは同じ**で，**もとは同じものであった**と考えられる器官。

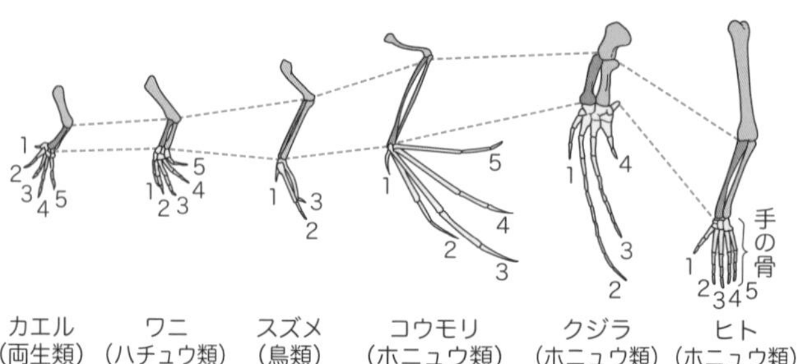

相同器官をもった動物は共通の祖先から進化したと考えられるね。

ゼッタイ！これだけ

●**シソチョウ**：**ハチュウ類**の特徴＋**鳥類**の特徴
●**相同器官**：**もとは同じ**ものであったと考えられる**器官**
●**魚類→両生類**┬→**ハチュウ類→鳥類**
　　　　　　　　└→**ホニュウ類**

練習問題
➡解答は別冊 p.7

1 次の文の　　　にあてはまることばを書きなさい。

(1) 地球上に最初に現れたセキツイ動物は　　　　　類である。

(2) 魚類の一部から　　　　　類が進化した。

(3) 両生類のあるものからハチュウ類と　　　　　類が進化した。

(4) ハチュウ類から　　　　　類が進化したとされる。

(5) シソチョウは，①　　　　　類の特徴と②　　　　　類の特徴の両方をもっている。

(6) 見かけの形やはたらきが異なっていても，基本的なつくりは同じで，もとは同じ器官から進化したと考えられる器官を　　　　　という。

2 右の図は，約1億5000万年前の地層から見つかった生物の復元図である。

(1) 右の図の生物の名前を答えなさい。

(2) 右の図の生物には，次の**ア～エ**のような特徴がある。このうち，鳥類の特徴をすべて選び，記号で答えなさい。

ア 前あしがつばさになっている。
イ つばさの先につめがある。
ウ 口の中に歯がある。
エ からだ全体が羽毛でおおわれる。

(3) 図の動物は，鳥類と何類の特徴をあわせもつとされるか。

➡解答は別冊 p.7

おさらい問題 14～17

1 **右の図は，丸い種子をつくる純系（じゅんけい）のエンドウとしわのある種子をつくる純系のエンドウをかけ合わせたときのようすで，孫の代の種子の数は丸：しわ＝3：1となった。ただし，丸い種子をつくる遺伝子（いでんし）をA，しわのある種子をつくる遺伝子をaとする。**

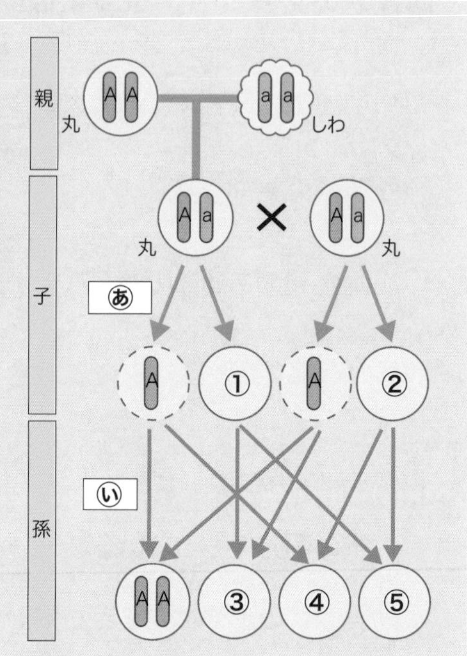

(1) あ，い にあてはまることばをそれぞれ答えなさい。

(2) 顕性形質（けんせいけいしつ）は，「丸い種子」「しわのある種子」のどちらか。

(3) ①～⑤に入る遺伝子の組み合わせを，下の**ア～オ**から1つずつ選び，記号で答えなさい。ただし，同じ記号を何回使ってもよい。

①　　②　　③

④　　⑤

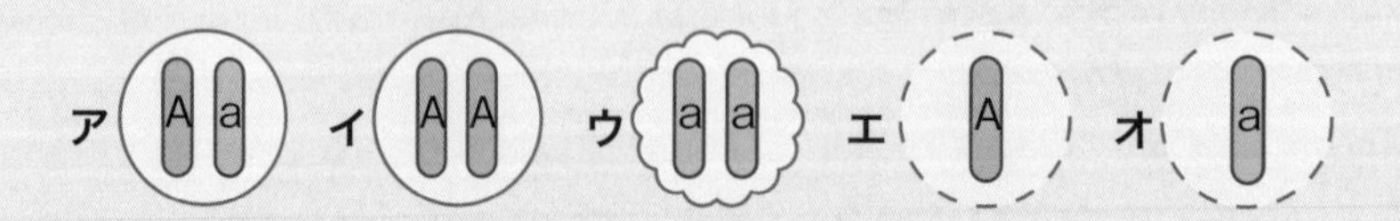

(4) 孫の代の遺伝子の組み合わせの割合を答えなさい。

AA：Aa：aa＝

❷ 表1は，セキツイ動物の5つのなかまの特徴(とくちょう)をまとめたものである。

表1

	魚類	両生類	ハチュウ類	鳥類	ホニュウ類
① をもつ	○	○	○	○	○
えら呼吸	○	○（子）			
② 呼吸		○（親）	○	○	○
卵生(らんせい)	○	○	○	○	
胎生(たいせい)					○
③ 動物	○	○	○		
恒温動物(こうおんどうぶつ)				○	○

あてはまるものに○をつける。

(1) ①～③にあてはまることばをそれぞれ答えなさい。

① ② ③

(2) 表2は，上の表1をもとに，セキツイ動物の5つのなかまに共通する特徴の数をまとめたものである。A～Dにあてはまる数字を答えなさい。たとえば，魚類と両生類は，「 ① をもつ」「えら呼吸」「卵生(らんせい)」「 ③ 動物」が共通なので「4」となる。

表2

	魚類	両生類	ハチュウ類	鳥類
両生類	4			
ハチュウ類	3	A		
鳥類	2	3	3	
ホニュウ類	1	B	C	D

A B C D

(3) 魚類ともっとも近い関係にあるのは何類か。

18 2つの力を合わせると
力の合成

なぜ学ぶの？

お祭りの山車(だし)は1人では動かせないけど，多くの人が同時に綱(つな)を引くと動き出すよ。1つの物体に複数の力がはたらくときは，これらをまとめて1つの力として考えるよ。これは力の単元の基本だからよく理解しておこう。

1 2つの力を1つの力にまとめたものが合力！

●**力の合成**(ちからのごうせい)…2力と同じはたらきをする1つの力を求めること。
求めた力をもとの2力の**合力**(ごうりょく)という。

これが大事！

●F_1とF_2が同じ向きのとき　●F_1とF_2が反対向きのとき

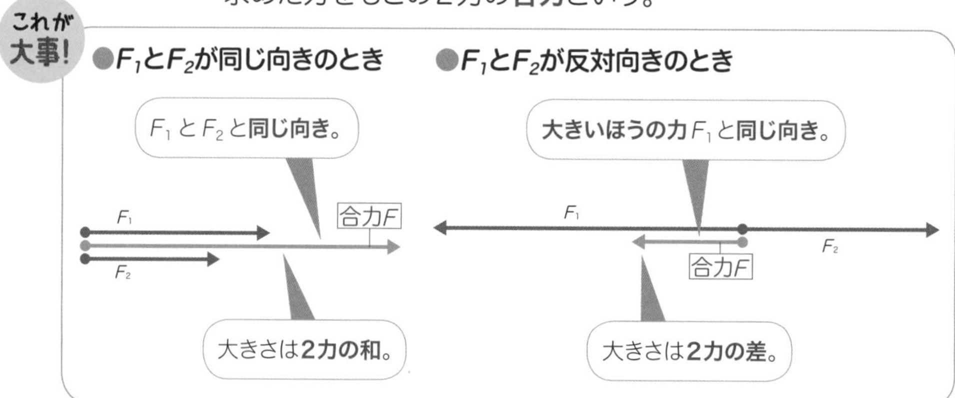

2 一直線上にない2つの力の合力は平行四辺形で求める！

これが大事！

●F_1とF_2が一直線上にないとき
2力を表す矢印をとなり合う2辺とする**平行四辺形の対角線**が合力になる（平行四辺形の法則）。

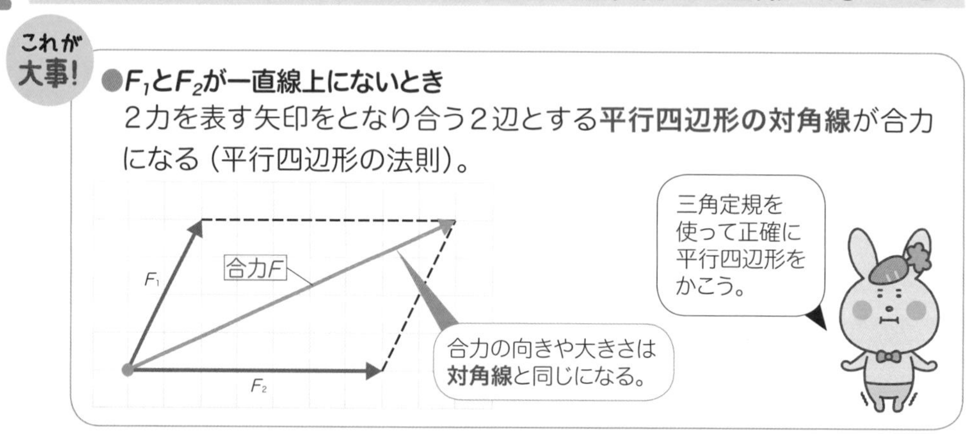

●一直線上ではたらく2力の合力 { 同じ向き→**2力の和** / 反対向き→**2力の差** }

●一直線上にない2力の合力：**平行四辺形の対角線になる**

練習問題 →解答は別冊 p.8

❶ 次の文の □ にあてはまることばを書きなさい。

(1) 同じ向きの2力の合力の大きさは2力の大きさの① □，向きは2力と② □ 向きになる。反対向きの2力の合力の大きさは2力の大きさの③ □，向きは④ □ ほうの力と同じ向きになる。

(2) 角度をもってはたらく2力の合力は，2力を表す矢印をとなり合う2辺とする平行四辺形の □ になる。

❷ 力の合成について，次の問いに答えなさい。

(1) 次の①・②の場合，物体にはたらく合力の大きさはそれぞれ何Nか。
また，物体はそれぞれ左・右どちらの向きに動くか。

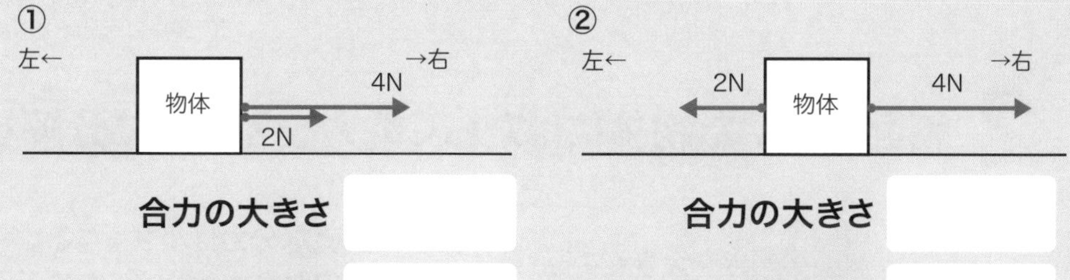

① 合力の大きさ □
動く向き □

② 合力の大きさ □
動く向き □

(2) 次の①・②の2力F_1・F_2の合力Fを，それぞれ作図しなさい。ただし，作図に用いた線は消さずに残しておくこと。

①
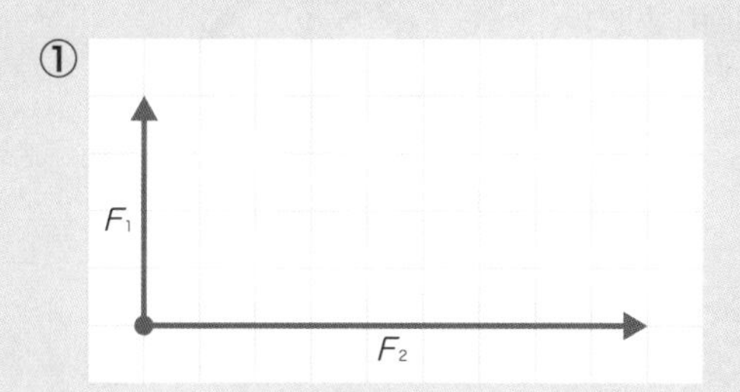

②
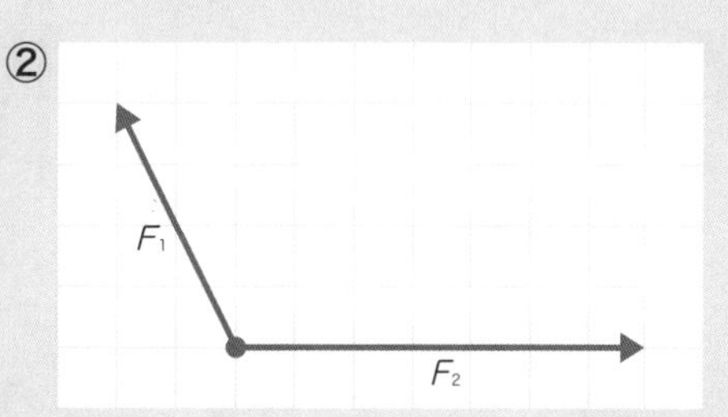

19 1つの力を2つに分けると
力の分解

なぜ学ぶの？

2つの力を合わせて1つの力にすることができたね[p.48]。それでは，逆に1つの力を2つに分けることはできるのかな。これもこのあとの学習でたくさん出てくる，大切なことだよ。

1 力を2つに分けるときも平行四辺形を使う！

●**力の分解**（ちからのぶんかい）…1つの力を同じはたらきをする2つの力に分けること。求めた力をもとの力の**分力**（ぶんりょく）という。

これが大事！
●分力は，もとの力を対角線とする**平行四辺形のとなり合う2辺**。

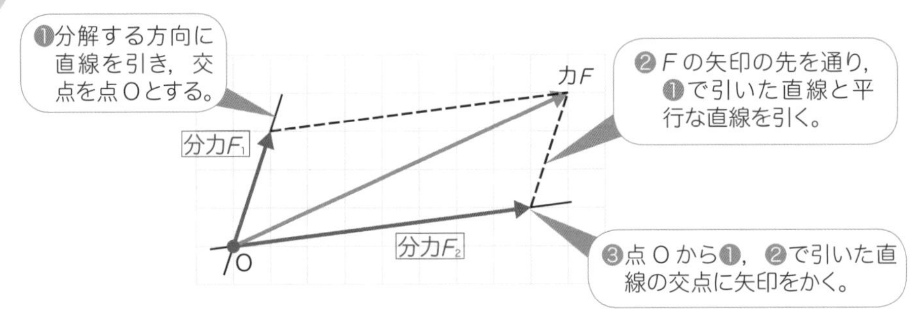

2 斜面に置いた物体にはたらく重力を2方向に分解する！

これが大事！
斜面（しゃめん）の傾き（かたむ）を**大きくする**。➡ **斜面に垂直な分力**は**小さくなる**。**斜面に平行な分力**は**大きくなる**。

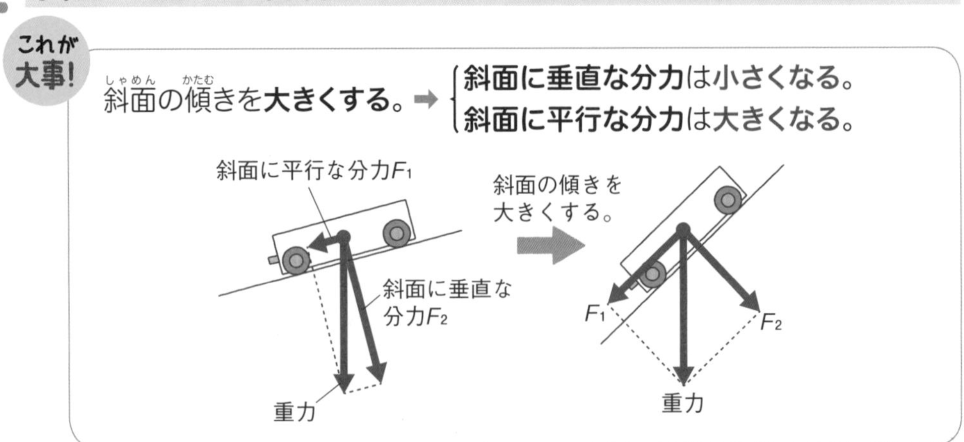

ゼッタイ！これだけ

●**分力**：もとの力を対角線とする**平行四辺形のとなり合う2辺**
●斜面の傾き㊇：斜面に垂直な分力→**小さくなる**
　　　　　　　　斜面に平行な分力→**大きくなる**

練習問題

➡解答は別冊 p.8

1 次の文の ＿＿ にあてはまることばを書きなさい。

(1) 1つの力を同じはたらきをする2つの力に分けることを力の①＿＿といい，求めた力をもとの力の②＿＿という。

(2) もとの力を対角線とする平行四辺形のとなり合う2辺が＿＿となる。

(3) 斜面（しゃめん）上に置いた物体の重力の分力は，斜面の傾（かたむ）きを大きくすると，斜面に垂直な分力は①＿＿なるが，
斜面に平行な分力は②＿＿なる。

2 右の図のように，斜面上に台車がある。

(1) 台車にはたらく重力を，**斜面に垂直な分力**と**斜面に平行な分力**に分解し，図にかきこみなさい。

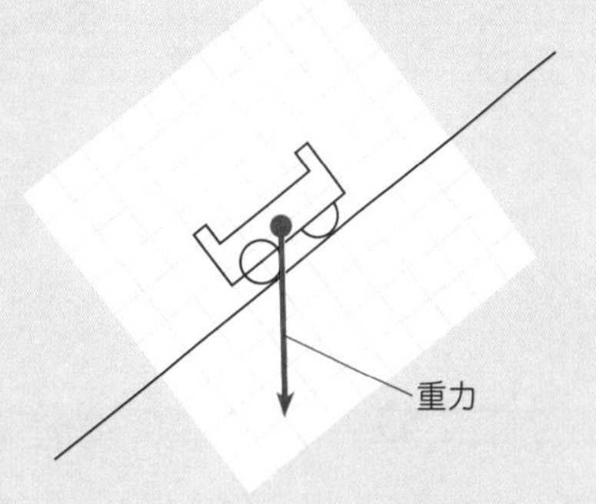

(2) 右の図の1目もりが1Nとすると，次の①，②の分力の大きさはそれぞれ何Nになるか。

① 斜面に垂直な分力 ＿＿

② 斜面に平行な分力 ＿＿

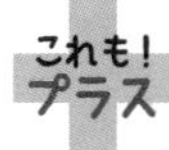

重力の斜面に垂直な分力は垂直抗力（すいちょくこうりょく）とつり合う！

●**垂直抗力**…斜面が**物体をおし返す力**。**斜面に垂直な方向**にはたらいて，物体を支える。

20 水がおす力
水圧

空気の重さによる大気圧のように，水の重さによる圧力があるんだ。水族館の大(だい)水槽(すいそう)にはとても厚いアクリルガラスが使われているんだけど，これは水から大きな圧力を受けるからだよ。水からの圧力にはどんな特徴(とくちょう)があるか注目しよう。

1 水からの圧力は水の深さによって変わる！

これが大事！

●**水圧**(すいあつ)…水の重さによる圧力。
（圧力：一定面積の面を垂直におす力。）

・水圧は，**あらゆる向き**から物体にはたらく。
・**同じ水の深さ**では，水圧の大きさは**等しい**。
・水圧は，水の深さが**深いところほど大きい**。

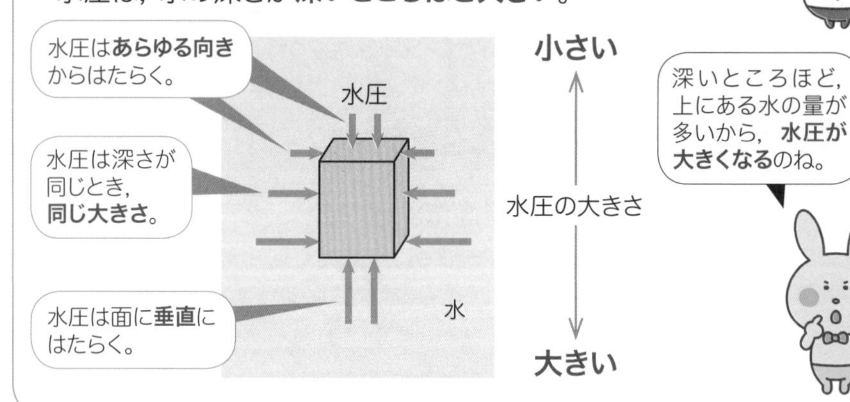

例 ゴム膜(まく)をはった筒(つつ)を水中に沈(しず)めると…

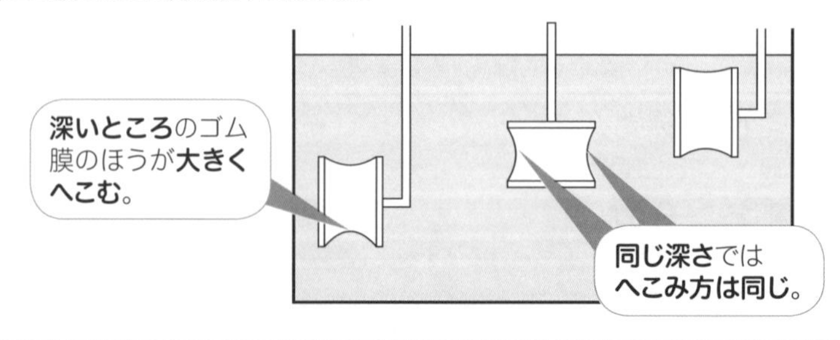

●水圧：水の重さによる圧力
●水圧→あらゆる向きからはたらく，同じ深さでは同じ大きさ
　　　水の深さが深いほど大きい

練習問題 ➡解答は別冊 p.8

❶ 次の文の ＿＿ にあてはまることばを書きなさい。

(1) 水の重さによる圧力を ＿＿ という。

(2) 水圧(すいあつ)は, ＿＿ 向きから物体にはたらく。

(3) 同じ水の深さでは, 水圧の大きさは ＿＿ 。

(4) 水圧は, 水の深さが深いところほど ＿＿ 。

❷ 筒(つつ)の両端にゴム膜(まく)をはり, 図1のような水そうのA～Cの位置に沈(しず)めたところ, 図2のア～ウのようになった。

図1

×A
×B
×C

(1) Cの位置に沈めたときの筒のようすは, **図2**の**ア～ウ**のどれになるか。記号で答えなさい。

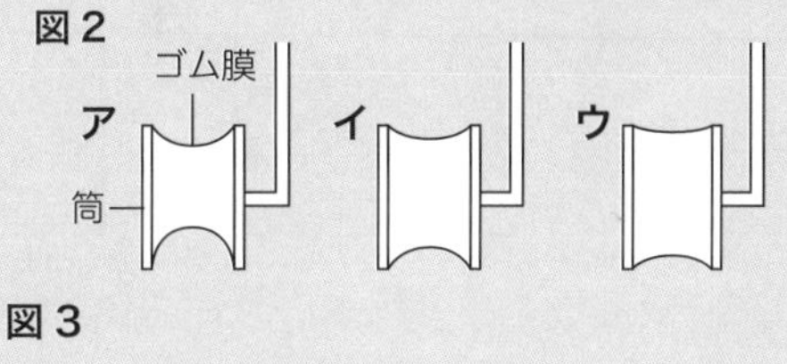

(2) 筒を**図3**のように沈めた。膜のへこみ方が同じくらいと考えられるものを, 図の**エ～ケ**からすべて選び, 記号で答えなさい。

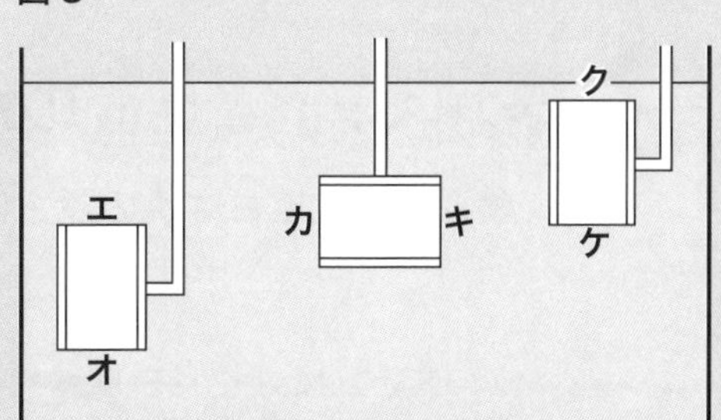

(3) 水圧について適切なものを, 次の**ア～エ**からすべて選び, 記号で答えなさい。

ア 水中にある物体は, 下向きの水圧だけを受ける。
イ 水中にある物体は, あらゆる向きから水圧を受ける。
ウ 水圧は, 物体の面に垂直にはたらく。
エ 水圧は, 物体の面に平行にはたらく。

21 水中の物体にはたらく力

浮力

なぜ学ぶの？

プールで水に浮くことができるのは，水から上向きの力がはたらいているからなんだ。この力はものを浮かせる力だから浮力とよばれるよ。浮力の大きさの特徴を学んで水中でからだが浮くしくみを知ろう。水泳がうまくなるかも…？

1 水中で物体は浮力の分だけ軽くなる！

これが大事！

●浮力…水中で物体にはたらく上向きの力。

浮力 ＝ 空気中でのばねばかりの値 － 水中でのばねばかりの値

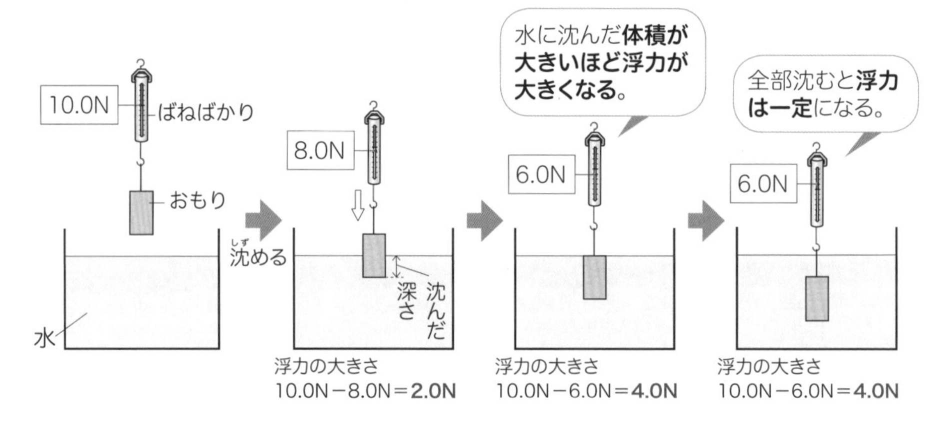

2 浮力は下面と上面の水圧の差によって生じている！

●浮力の大きさは**水の深さに関係しない。**

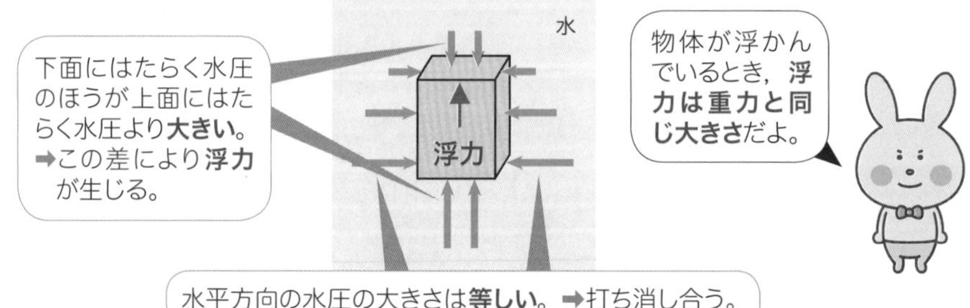

●**浮力 ＝ 空気中でのばねばかりの値 － 水中でのばねばかりの値**

●**浮力の大きさは水の深さに関係しない**

練習問題 ➡解答は別冊 p.8

❶ 次の文の ＿＿ にあてはまることばを書きなさい。

(1) 水中で物体にはたらく上向きの力を ＿＿ という。

(2) 浮力(ふりょく)の大きさは，空気中でのばねばかりの値(あたい)から水中でのばねばかりの値を ＿＿ 値である。

(3) 水平方向の水圧(すいあつ)の大きさは ＿＿ ので，打ち消し合う。

(4) 下面にはたらく水圧の大きさは，上面にはたらく水圧の大きさよりも ＿＿ 。

(5) 下面にはたらく圧力と上面にはたらく圧力の① ＿＿ によって浮力が生じるので，水に沈(しず)んでいるとき，浮力の大きさは，水の深さに関係② ＿＿ 。

❷ 右の図のように，おもりをゆっくりと水中に入れた。水中に入る前は，ばねばかりは0.8Nを示していた。

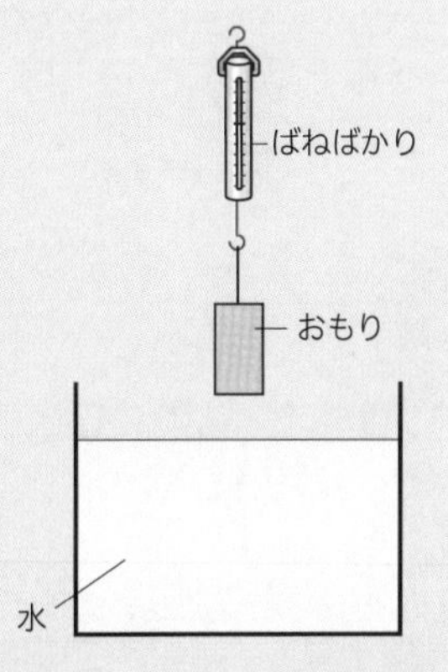

(1) おもりの一部を水に沈めたとき，ばねばかりは0.6Nを示した。このとき，おもりにはたらく浮力は何Nか。

(2) さらにおもりを沈めて，おもり全体が水の中に入ったとき，ばねばかりは0.3Nを示した。このとき，おもりにはたらく浮力は何Nか。

物質編
生命編
エネルギー編
地球編
環境編

➡解答は別冊 p.9

おさらい問題 18～21

❶ 下の図で，力F_1とF_2の合力Fを，それぞれ作図しなさい。

①

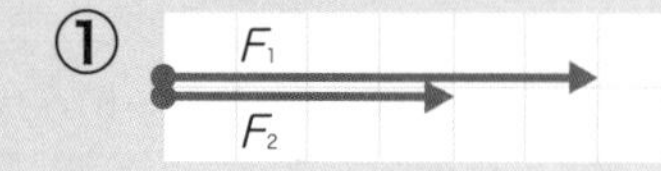

②

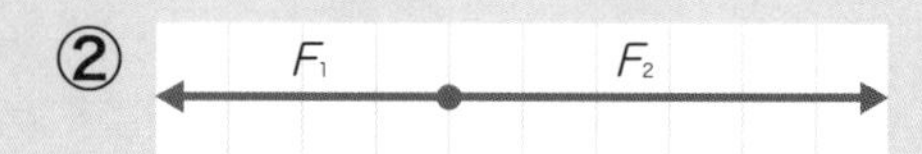

③

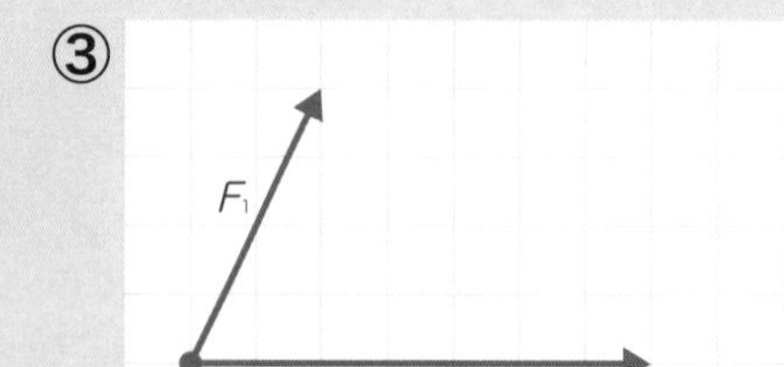

④

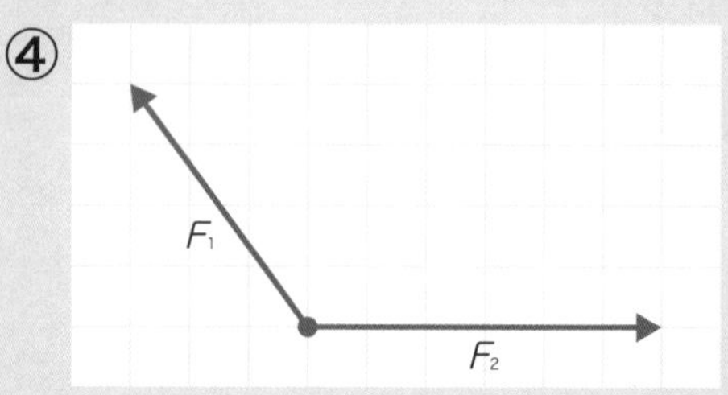

❷ 図1でAさんが1人で荷物を持つときの力をF，図2でAさんとBさんの2人で同じ荷物を持つときの力をそれぞれF_1，F_2とする。

(1) Fの大きさは，F_1とF_2の力の大きさと比べてどうなっているか。次の**ア～ウ**から1つ選び，記号で答えなさい。

ア 大きい。　**イ** 小さい。　**ウ** 変わらない。

(2) Fの力は，F_1とF_2の力の何になっているか。

(3) **図2**で，AさんとBさんの間隔を大きくすると，F_1，F_2の力の大きさは**図2**のときに比べてどうなるか。(1) の**ア～ウ**から1つ選び，記号で答えなさい。

3 右の図のように，斜面上に物体が静止している。物体にはたらく重力を，斜面に平行な方向と斜面に垂直な方向に分解しなさい。

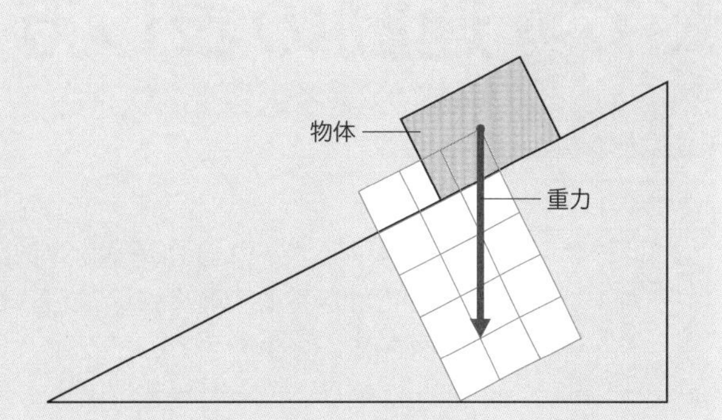

4 右の図のように，300gの物体をばねばかりにつるし，水の中に沈めていった。このとき，ばねばかりは2.4Nを示した。

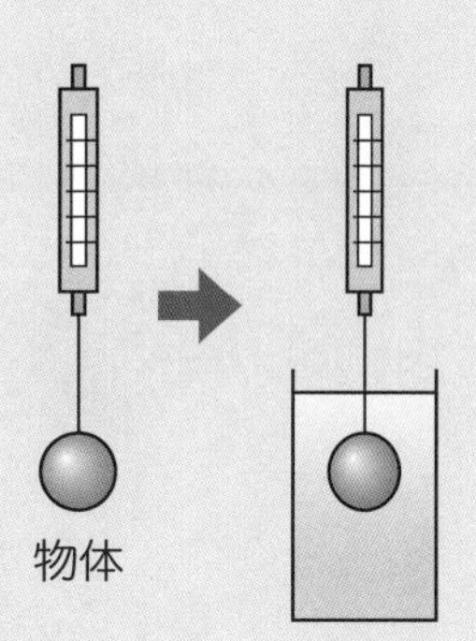

(1) この物体にはたらく重力は何Nか。ただし，100gの物体にはたらく重力の大きさを1Nとする。

(2) 右の図のとき，物体にはたらく浮力は何Nか。

(3) 物体をさらに沈めると，物体にはたらく浮力の大きさはどうなるか。次の**ア～ウ**から1つ選び，記号で答えなさい。

ア 大きくなる。　**イ** 小さくなる。　**ウ** 変わらない。

(4) 物体を完全に沈めたとき，物体にはたらく水圧を正しく矢印で表しているものを，次の**ア～エ**から1つ選び，記号で答えなさい。

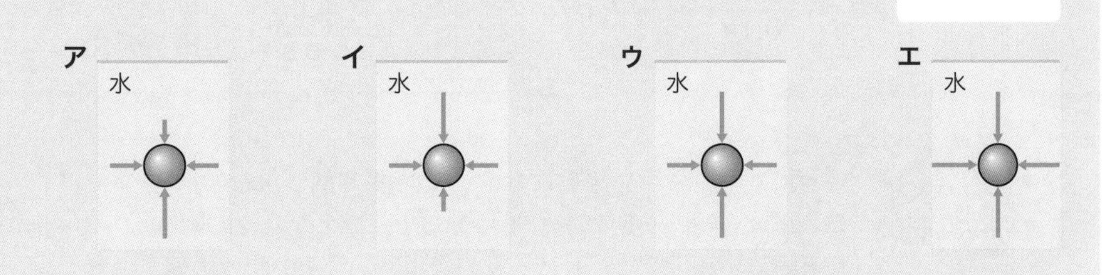

22 運動の表し方
平均の速さと瞬間の速さ

なぜ学ぶの？

新幹線「はやぶさ」は最高時速が約300㎞なんだけど，ずっとこの速さで走っているわけではなくて，新幹線のスピードメーターが示す値（あたい）はつねに変化しているんだ。速さとは何か考えていこう。

1 物体の運動は速さと運動の向きで表される！

●物体の運動のようす…**速さ**と**運動の向き**で表される。
●**速さ**…一定時間に移動する距離（きょり）。
単位は，**メートル毎秒（まいびょう）（m/s）**，**キロメートル毎時（まいじ）（km/h）**など。

これが大事！

$$\text{速さ〔m/s〕} = \frac{\text{移動距離〔m〕}}{\text{移動にかかった時間〔s〕}}$$

●**平均の速さ**…物体が**一定の速さで動き続けた**と考えたときの速さ。
●**瞬間（しゅんかん）の速さ**…その時々の速さ。車などの**スピードメーターではかる速さ**。

2 記録タイマーを使うと速さを記録できる！

1秒間に，東日本では50回，西日本では60回打点する。

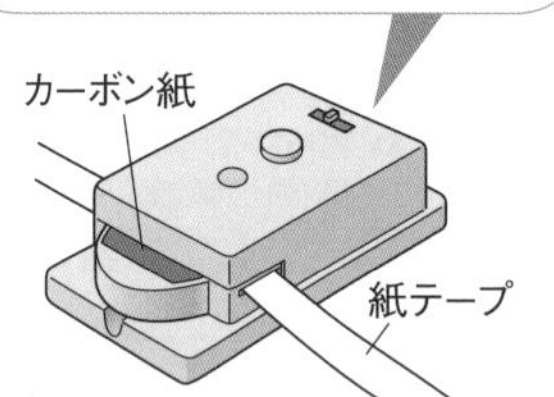

例 右の図のFでは，6打点でテープの長さが14.0cmのため，このときの台車の速さは，

$$\text{速さ} = \frac{14.0\text{cm}}{0.1\text{s}} = 140\text{cm/s}$$

これが大事！

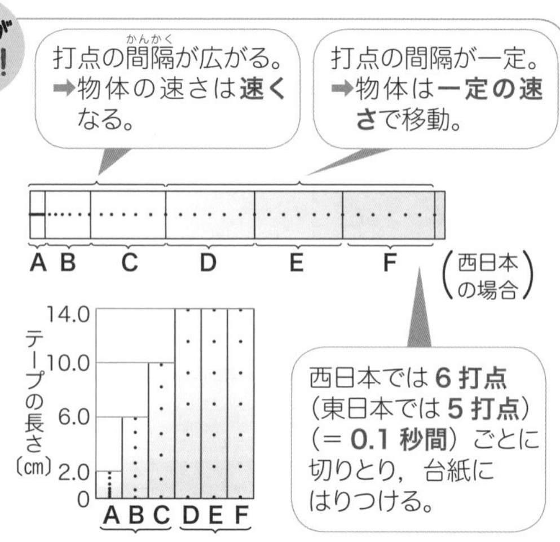

●**速さ：移動距離を移動にかかった時間で割ったもの。**
●**平均の速さ：一定の速さで移動したと考えたときの速さ**
●**瞬間の速さ：スピードメーター**ではかる，その時々の速さ

練習問題 ➡解答は別冊 p.9

1 次の文の ＿＿ にあてはまることばを書きなさい。

(1) 物体の運動のようすは ＿＿ と運動の向きで表される。

(2) 一定時間に移動する距離(きょり)を ＿＿ という。

(3) 単位には，メートル毎秒(まいびょう)（記号① ＿＿ ），キロメートル毎時(まいじ)（記号② ＿＿ ）などが使われる。

(4) 物体が一定の速さで動き続けたと考えたときの速さを ＿＿ の速さという。

(5) その時々の速さを ＿＿ の速さという。

(6) スピードメーターではかる速さは ＿＿ の速さである。

2 図1は，1秒間に50打点する記録タイマーを使って記録したときのテープである。

図1

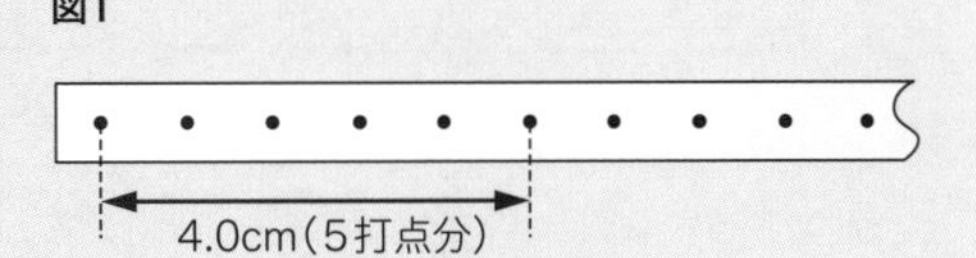

(1) 5打点ごとに切りとった場合，テープは何秒間の物体の移動距離を表しているか。

図2

A

B

(2) **図1**のときの台車の速さは何cm/sか。

(3) **図2**のテープで，速い運動を記録しているのは，A，Bのどちらか。

23 力がはたらかないときの運動①
等速直線運動

なぜ学ぶの？

カーリングのストーンは，手をはなしたあとも運動を続けるよ。このとき，ストーンには摩擦力（まさつりょく）があまりはたらいていないんだよ。力がはたらかないと，物体はどのように運動するのかに目を向けよう。

1 摩擦力などがないとき，一定の速さで運動し続ける！

これが大事！

●**等速直線運動**（とうそくちょくせんうんどう）…**一直線上を一定の速さで進む**運動。物体が運動方向に**力を受けていないとき，等速直線運動**をする。

└なめらかな面で摩擦力がはたらかなく，空気の抵抗（ていこう）もない。

●**水平面上の台車の運動を調べる実験**

水平な台の上で，台車を走らせ，台車の運動を1秒間に50打点する記録タイマーで記録。記録テープを5打点ごとに切りとり，台紙にはった。

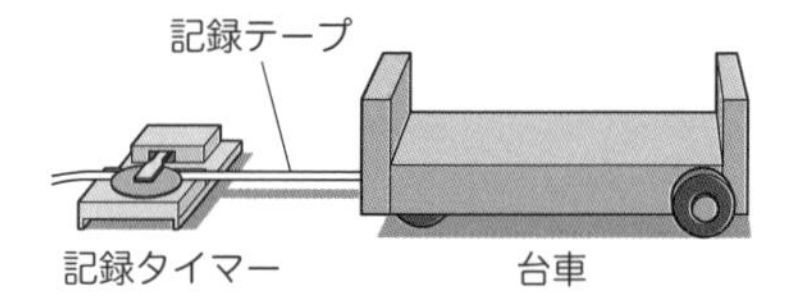

結果

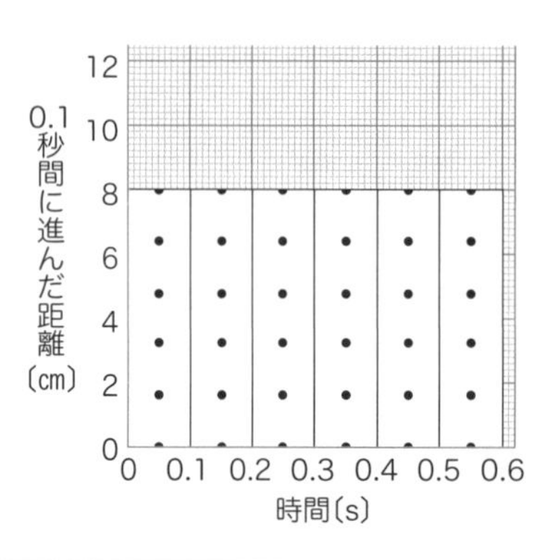

速さ

速さは一定。
➡**水平な**直線

0
0
時間

これが大事！

移動距離〔m〕＝速さ〔m/s〕×時間〔s〕

例 10m/sの速さで10秒間移動したときの移動距離（きょり）は，

10m/s×10s＝100m

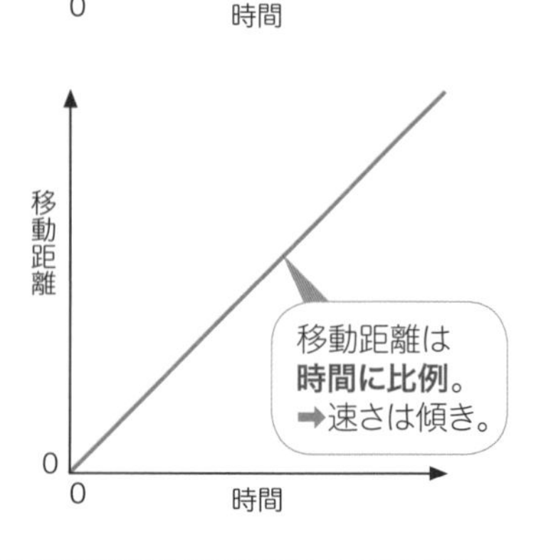

●**等速直線運動**：一直線上を一定の速さで進む運動
●物体に運動方向の力がはたらかない→**等速直線運動**をする
●**移動距離＝速さ×時間**

練習問題

➡解答は別冊 p.10

❶ 次の文の ＿＿＿ にあてはまることばを書きなさい。

(1) 一直線上を一定の速さで進む運動を ＿＿＿ 運動という。

(2) 運動方向の力がはたらかないとき，物体は ＿＿＿ 運動をする。

(3) 等速直線運動をするとき，移動距離は時間に ＿＿＿ する。

(4) 移動距離〔m〕＝① ＿＿＿〔m/s〕×② ＿＿＿〔s〕

❷ 図1のように，水平な台の上で台車を運動させた。図2は，1秒間に50打点する記録タイマーのテープを5打点ごとに切りとって，台紙にはった結果である。次の問いに答えなさい。ただし，摩擦力や空気の抵抗は考えないものとする。

図1

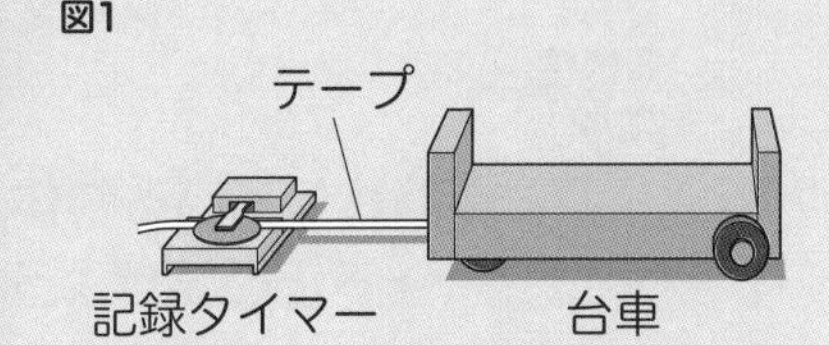

図2

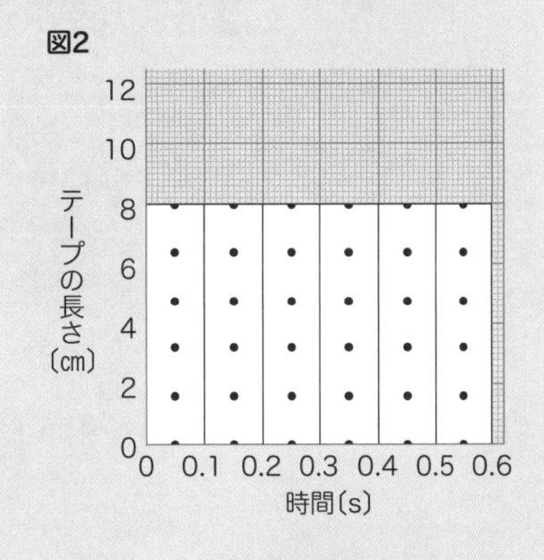

(1) **図2**から，この台車の速さを求めなさい。

＿＿＿

(2) この台車の運動のように，運動方向に力がはたらいていないため，一直線上を一定の速さで移動する運動を何というか。

＿＿＿

(3) (2) の運動における時間と移動距離の関係を表しているグラフは，下の**ア～エ**のどれか。

＿＿＿

ア

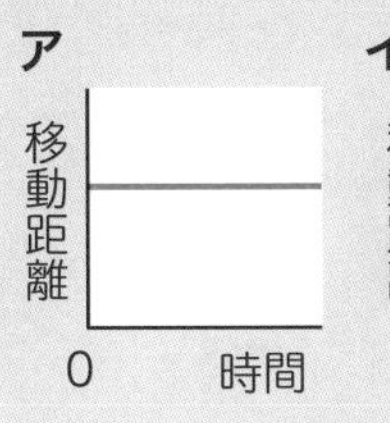

イ

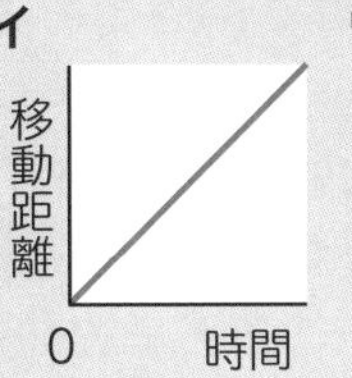

ウ

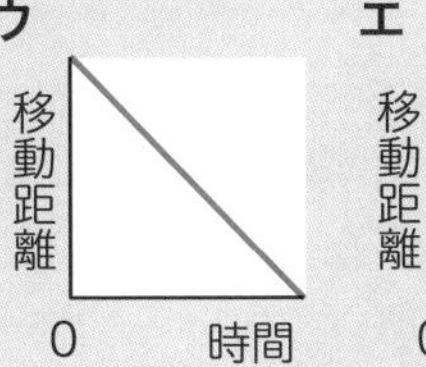

エ

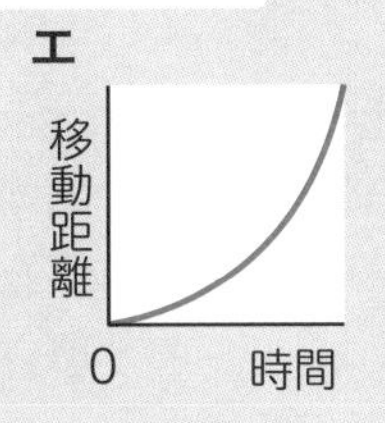

24 力がはたらかないときの運動②
慣性の法則

バスに乗っているとき，バスが動き出してからだが後ろに倒れそうになったことないかな。これは物体がある性質をもっているために起こることなんだ。この物体がもつ性質を理解して，バスの中でころばないようにしよう。

1 物体にはそれまでの運動を続けようとする性質がある！

●**慣性の法則**…静止している物体は**静止を続け**，運動している物体は**等速直線運動**を続ける。この性質を**慣性**という。
物体に力がはたらいていないときや，力がはたらいていてもつり合っているときに成り立つ。

これが大事！

●**静止している物体**
➡**静止を続けよう**とする。
例 バスの発車時

バス…進行方向へ進む。
人…止まり続けようとする。

●**運動している物体**
➡**等速直線運動**を続けようとする。
例 バスの停車時

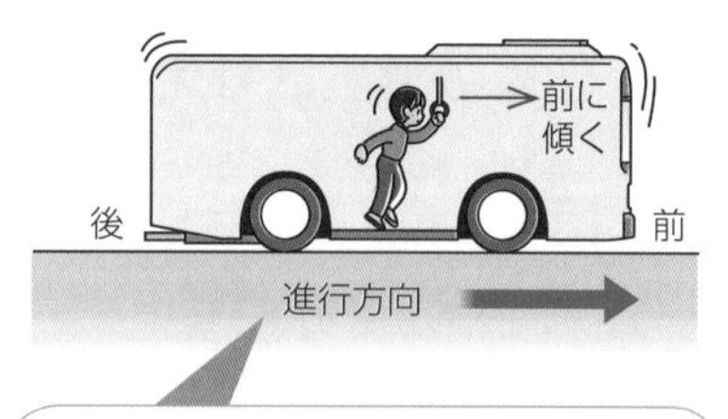

バス…止まる。
人…等速直線運動を続けようとする。

慣性

●**力がつり合っていて合力が0**のとき，**慣性の法則は成り立つ。**
例 一定の速さで走る車
➡エンジンからの力と摩擦力などが**つり合っている。**
➡**合力は0。**
➡**等速直線運動**をする。

●慣性の法則：力が**はたらいていないか，つり合っているとき**
静止している物体→**静止**を続ける
運動している物体→**等速直線運動**を続ける

練習問題 ➡解答は別冊 p.10

❶ 次の文の [　　] にあてはまることばを書きなさい。

(1) 物体に力がはたらいていないときや，力がはたらいていてもつり合っているとき，静止している物体は① [　　] し続け，運動している物体は② [　　] 運動を続ける。これを，③ [　　] の法則という。

(2) 物体のもつ (1) のような性質を [　　] という。

❷ 物体のもつ性質について，次の問いに答えなさい。

(1) 次の文は，慣性(かんせい)の法則(ほうそく)について説明したものである。①～④にあてはまることばを，下の**ア～ク**から1つずつ選び，記号で答えなさい。

物体に力が [①] ときや，力がはたらいていても [②] とき，静止している物体は [③] を続け，運動している物体は [④] を続ける。

ア はたらいている　　**イ** はたらいていない
ウ つり合っている　　**エ** つり合っていない
オ 静止　　**カ** 速さがしだいにはやくなる運動
キ 等速直線運動(とうそくちょくせんうんどう)　　**ク** 速さがしだいにおそくなる運動

① [　　]　② [　　]　③ [　　]　④ [　　]

(2) 右の図のように，電車に乗った人がいる。

① 急発進するときは，からだは**A・B**どちらに傾(かたむ)くか。

[　　]

② 急停車するときは，からだは**A・B**どちらに傾くか。

[　　]

25 力がはたらき続けるときの運動

斜面上での物体の運動

なぜ学ぶの？

自転車で坂道を下るとき，自転車がどんどん速くなっていくね。これは自転車の進む方向に力がはたらいているからなんだよ。坂道のような斜面(しゃめん)の上にある物体には，どんな力がはたらいているのか注目しよう。

1 力がはたらくと物体の運動の速さや向きが変わる！

これが大事！

はたらいた力の向きと運動の関係

・運動と**同じ向き**に力を受ける。➡**速さが増加**する。

・運動と**反対向き**に力を受ける。➡**速さが減少**する。

例 斜面の傾きと台車の運動

斜面を下る台車の運動を斜面の傾(かたむ)きを変えて，1秒間に50打点する記録タイマーを使って記録する。

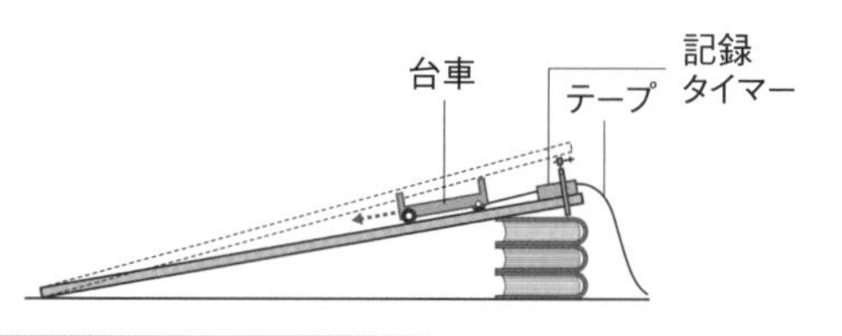

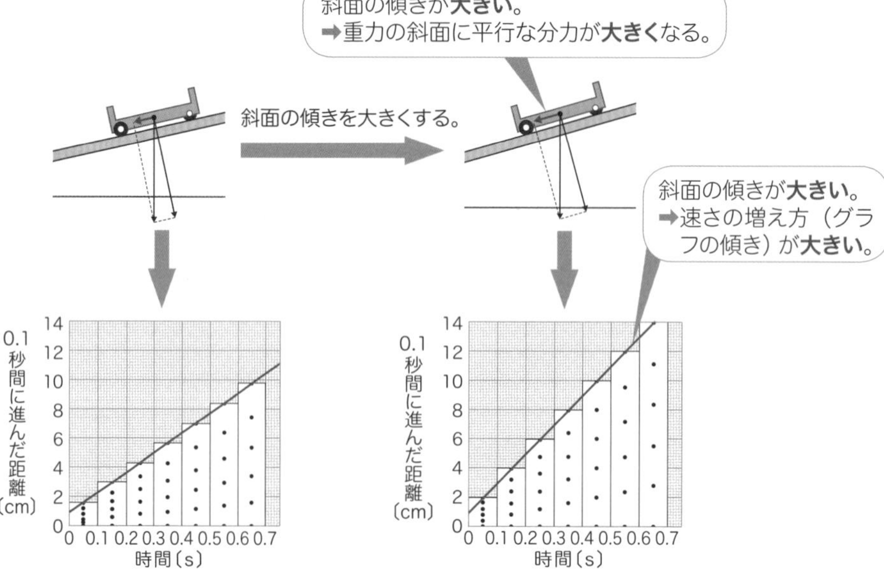

ゼッタイ！これだけ

●力の向き：運動と**同じ向き**→速さが**増加**

　　　　　運動と**反対向き**→速さが**減少**

●**斜面の傾きが大きい**→**速さの増え方が大きくなる**

練習問題 ➡解答は別冊 p.10

➡解答は別冊 p.10

❶ 次の文の [　　] にあてはまることばを書きなさい。

(1) 物体が運動と同じ向きに力を受けると，物体の速さは [　　　　] する。

(2) 物体が運動と反対向きに力を受けると，物体の速さは [　　　　] する。

(3) 斜面（しゃめん）を下る運動では，斜面の傾（かたむ）きが大きいほど，重力の斜面に平行な分力が① [　　　　] なり，物体の速さの増え方が② [　　　　] なる。

❷ 斜面を下る台車の運動について，次の問いに答えなさい。

(1) 右の図で，台車にはたらく運動方向の力はどうなるか。次の**ア～ウ**から1つ選び，記号で答えなさい。 [　　　　]

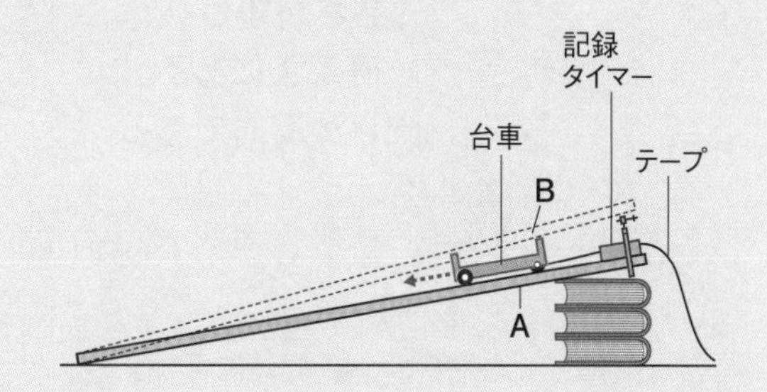

ア しだいに大きくなる。
イ しだいに小さくなる。
ウ 一定の大きさである。

(2) 速さの増え方が大きいのは，台車を面**A**・**B**のどちらに置いたときか。 [　　　　]

これも！プラス **自由落下（じゆうらっか）は斜面の角度が90°のときの運動！**

●**自由落下**…静止していた物体が重力を受けて，真下に落下する運動。
速さの増え方が**もっとも大きい**。

26 物体間での力のおよぼし合い

作用・反作用の法則

なぜ学ぶの?

ボートに乗っている人がほかの人のボートをオールでおすと，自分のボートも動き出してしまう。これは，ほかの人が乗っているボートから力を受けるからなんだ。このときの力について考えよう。

1 物体をおすとその物体からおし返される！

●**作用・反作用の法則**…ある物体に力を加えると，その物体から同時に，加えた力と**同じ大きさの反対向きの力**を受ける。この2力の一方を**作用**，もう一方を**反作用**という。

これが大事!

●**作用・反作用の関係**
- ・大きさが**等しい**。
- ・**一直線上**にある。
- ・**向きが反対**である。

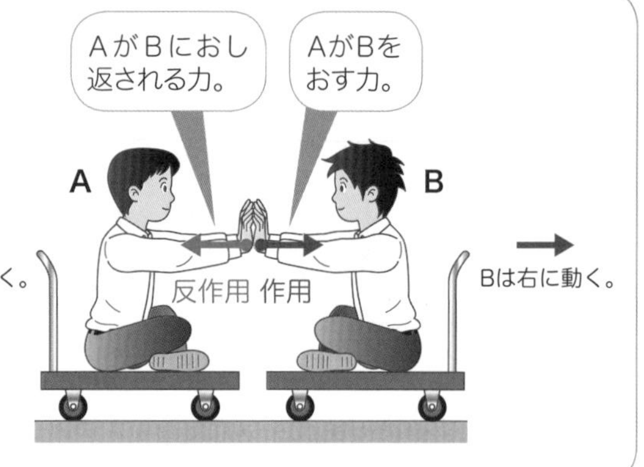

2 つり合っている2力と作用・反作用の2力はちがう！

●**つり合っている2力**➡1つの物体にはたらく。

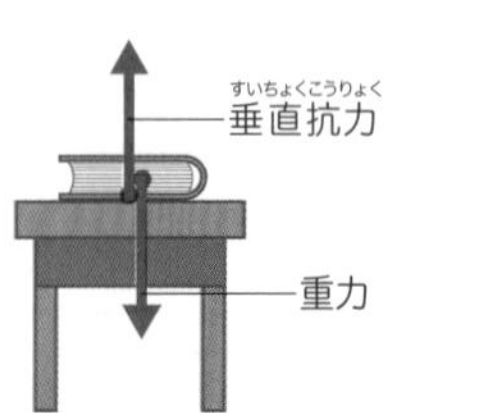

●**作用・反作用の2力**➡2つの物体間にはたらく。

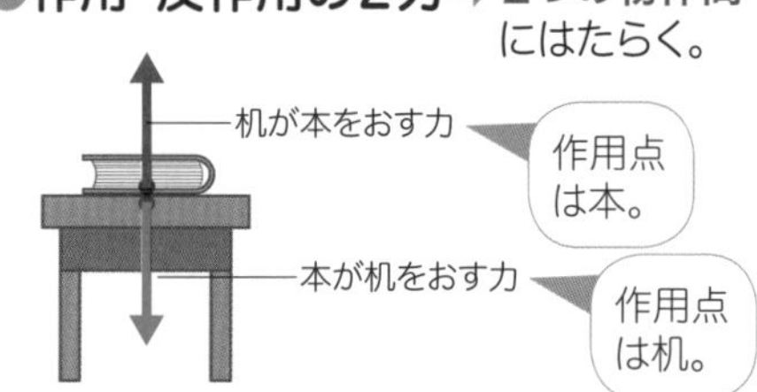

ゼッタイ！これだけ

●**作用・反作用の法則**：力を加えると相手の物体から力を受ける
●作用・反作用：**一直線上**で，**向きが反対**で**同じ大きさ**。
●**つり合っている2力**→**1つの物体**にはたらく
作用・反作用の2力→**2つの物体間**ではたらく

練習問題 ➡解答は別冊 p.10

1 次の文の にあてはまることばを書きなさい。

(1) ある物体に力を加えると，その物体から同時に，加えた力と同じ大きさの反対向きの力を受ける。これを，① の法則という。この2力の一方を② ，もう一方の力を③ という。

(2) 作用・反作用の2力の大きさは 。

(3) 作用・反作用の2力は 上にある。

(4) 作用・反作用の2力の向きは である。

(5) つり合っている2力は の物体にはたらく。

(6) 作用・反作用の2力は の物体間にはたらく。

2 右の図のように，台車にのったAさんがBさんをおした。

(1) AさんとBさんはどうなるか。次の**ア〜ウ**から1つずつ選び，記号で答えなさい。
ア 右に動く。　**イ** 左に動く。
ウ 動かない。

A 　B

(2) F_1とF_2の力の大きさはどのような関係にあるか。次の**ア〜ウ**から1つ選び，記号で答えなさい。
ア $F_1>F_2$　**イ** $F_1<F_2$　**ウ** $F_1=F_2$

27 仕事とは
仕事と仕事率

なぜ学ぶの?

辞書で調べると,「仕事」とは「はたらくこと」とか「職業」とかいろいろな意味が出てくるよ。でも, 理科でいう「仕事」はちょっとちがうんだ。「仕事」を理解するよ。

1 力を加えて物体を動かしたとき「仕事をした」という!

●**仕事**…物体に力を加え, **力の向きに動かした**とき, 力は物体に対して**仕事をした**という。仕事の大きさの単位は**ジュール(J)**。

物体を1Nの力で力の向きに1m動かしたときの仕事の大きさが1J。

これが大事!

仕事の大きさは**力の大きさと動いた距離に比例**する。

仕事〔J〕＝力の大きさ〔N〕×力の向きに動いた距離〔m〕

例 50Nの力で物体を3m移動させたときの仕事は,
50N×3m＝150J

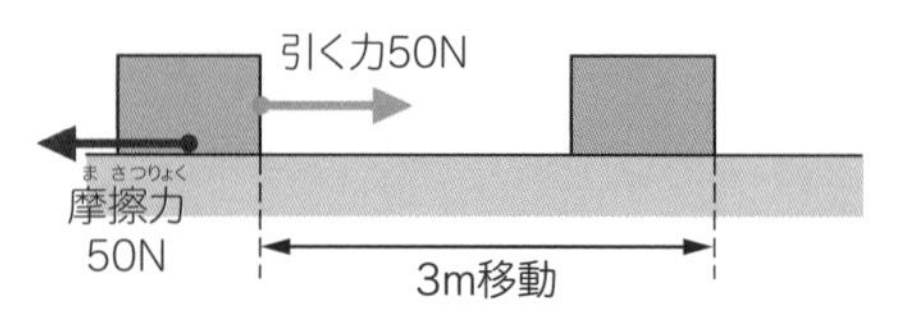

2 仕事の能率は仕事率を使って表す!

●**仕事率**…**1秒間あたり**にする仕事の大きさ。単位は**ワット(W)**。

1秒間に1Jの仕事をするときの仕事率が1W。

これが大事!

仕事率は**仕事の能率**を表す。

$$\text{仕事率〔W〕} = \frac{\text{仕事〔J〕}}{\text{仕事にかかった時間〔s〕}}$$

例 150Jの仕事を30秒かかって行ったときの仕事率は,

$$\frac{150\text{J}}{30\text{s}} = 5\,\text{W}$$

●仕事:力の大きさに力の向きに動いた距離をかけたもの
●仕事率:仕事をかかった時間で割ったもの

練習問題

➡解答は別冊 p.11

❶ 次の文の［　　］にあてはまることばを書きなさい。

(1) 物体に力を加え，力の向きに動かしたとき，力は物体に対して［　　　　］をしたという。

(2) 仕事の単位は［　　　　］(J) である。

(3) 仕事〔J〕＝力の①［　　　　］〔N〕

×力の②［　　　　］に動いた距離〔m〕

(4) 1秒間あたりにする仕事の大きさを［　　　　］という。

(5) 仕事率の単位は［　　　　］(W) である。

(6) 仕事率〔W〕＝ ①［　　　　］〔J〕 ／ 仕事にかかった②［　　　　］〔s〕

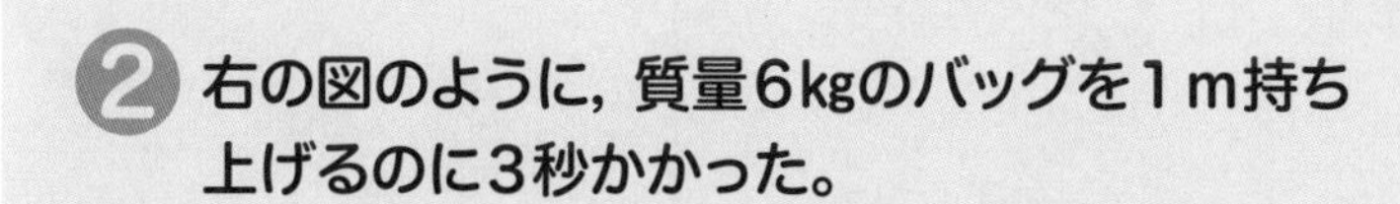

❷ 右の図のように，質量6kgのバッグを1m持ち上げるのに3秒かかった。

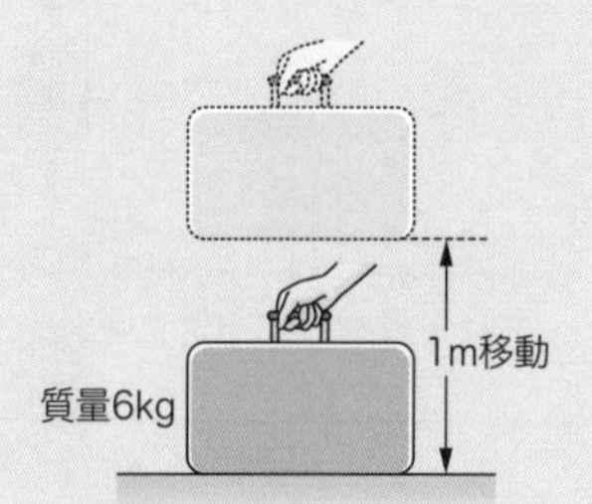

(1) バッグの重さは何Nか。ただし，100gの物体にはたらく重力の大きさを1Nとする。

［　　　　　　　　］

(2) このときの仕事の大きさは何Jか。

［　　　　　　　　］

(3) このときの仕事率を求めなさい。

［　　　　　　　　］

28 道具を使った仕事

仕事の原理

なぜ学ぶの?

動滑車(どうかっしゃ)や斜面(しゃめん)などの道具を使うと，小さな力でものを動かすことができるよ。このとき，仕事の大きさがどうなるか，道具を使ったときと使わないときを比べて，どっちが楽できるか考えてみよう。

1 斜面や動滑車を使うと力は小さくなるが距離は長くなる!

これが大事!

●**仕事(しごと)の原理(げんり)**…道具を使っても使わなくても，**仕事の大きさは変わらない。**

└動滑車や斜面など

└力は小さくできるが，物体を動かす距離(きょり)が長くなるから。

仕事＝力の大きさ×力の向きに動いた距離

例 直接持ち上げるときと，動滑車を使って30Nの物体を0.3mの高さまで引き上げるときの仕事の大きさを比べる。ひもや滑車の質量は考えないものとする。

●**直接持ち上げる**

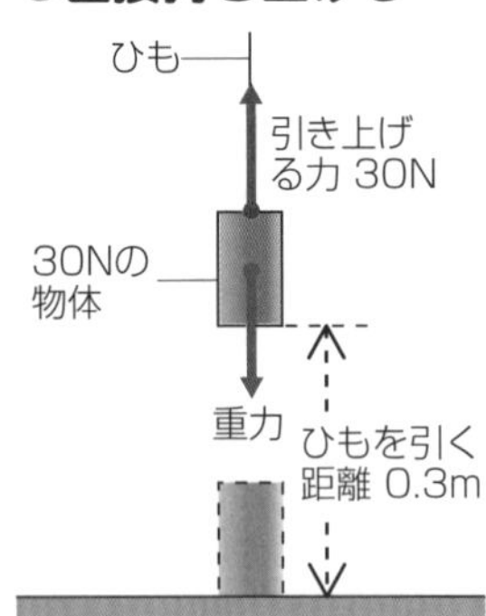

解き方 物体に加えた力の大きさ**30N**
物体が動いた距離**0.3m**
仕事の大きさ
30N×0.3m＝**9 J**

●**動滑車を使う**

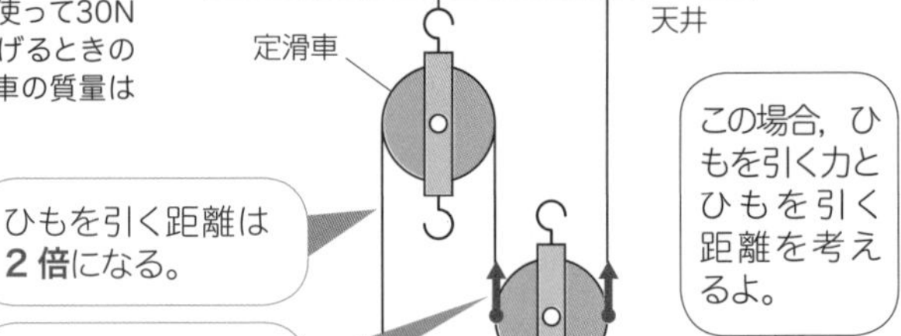

解き方 ひもに加えた力の大きさ**15N**
ひもを引いた距離**0.6m**
仕事の大きさ
15N×0.6m＝**9 J**

道具を使っても使わなくても仕事の大きさは変わらない。

●**仕事の原理**：道具を使っても使わなくても**仕事の大きさは変わらない**
…道具を使うと**力は小さくなる**が，**距離は長くなる**から。

練習問題 ➡解答は別冊 p.11

1 次の文の ______ にあてはまることばを書きなさい。

(1) 道具を使うと，加える力の大きさは① ______ なるが，物体を動かす距離は② ______ なるので，仕事の大きさは直接仕事をするときと③ ______ になる。

(2) 道具を使っても使わなくても，仕事の大きさは① ______ 。これを② ______ という。

2 右の図のような装置を使って，重さ80Nのおもりを2mの高さまで引き上げた。次の問いに答えなさい。ただし，滑車やひもの重さは考えない。

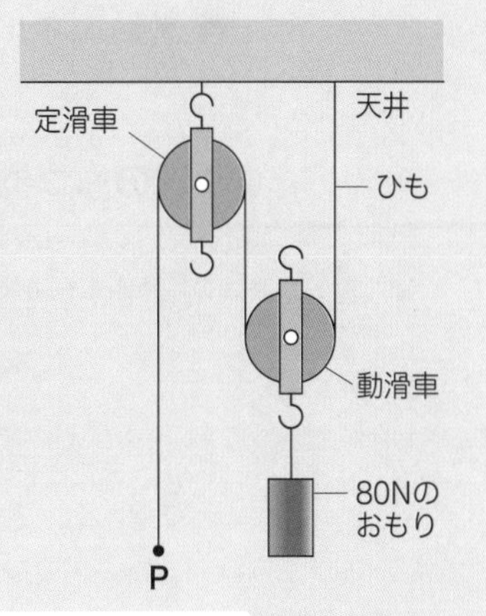

(1) 重さ80Nのおもりを直接2m持ち上げるときの仕事の大きさは何Jか。 ______

(2) 右の図で，ひもを引く力は何Nか。 ______

(3) 右の図のPでひもを引く長さは何mか。 ______

(4) 右の図のときの仕事の大きさは何Jか。 ______

これも！プラス **動滑車と定滑車のちがい！**

●**動滑車**…ひもを引く力の大きさは物体にはたらく**重力の大きさの半分**になる。ひもを引く距離は**物体を動かす距離の2倍**になる。

●**定滑車**…ひもを引く力の大きさは物体にはたらく**重力の大きさと同じ**になる。ひもを引く距離は**物体を動かす距離と等しい**。

エネルギー

位置エネルギーと運動エネルギー

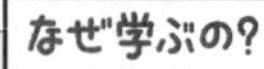

ハンマーでくいを打つと，くいは地面にくいこむから，ハンマーはくいに対して仕事をしたことになるよ。このとき，ふり上げたハンマーには仕事をする能力があるといえるよ。理科では，この能力をエネルギーというんだ。

1 エネルギーの大きさは別の物体にできる仕事の大きさ！

●**エネルギー**…別の物体に**仕事をすることができる能力**。仕事をする状態にある物体は**エネルギーをもっている**という。単位は**ジュール（J）**。

これが大事！

●**位置エネルギー**…高いところにある物体がもっているエネルギー。基準面からの**高さ**と**質量**に**比例**する。

●**運動エネルギー**…運動している物体がもっているエネルギー。物体の**速さが速い**ほど，**質量が大きい**ほど，**大きい**。

●小球のもつ位置エネルギーを調べる実験

図のような斜面をつくり，小球を転がして木片に当て，木片の移動距離を調べる。

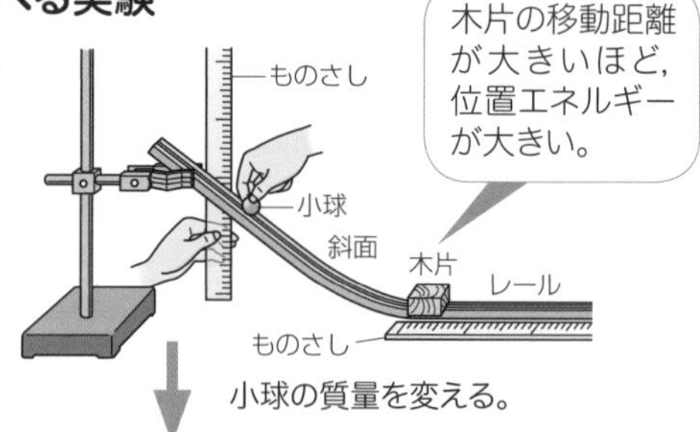

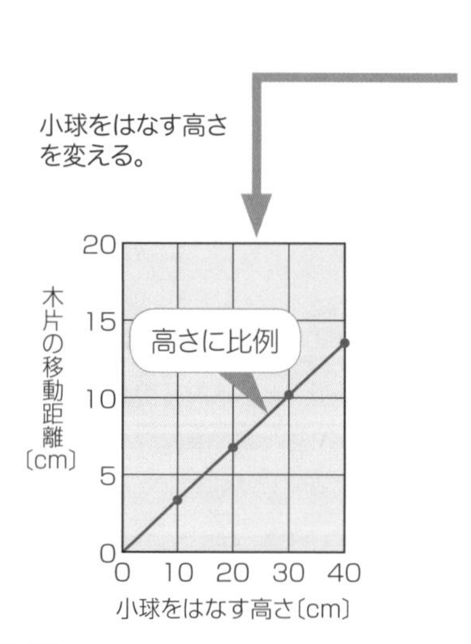

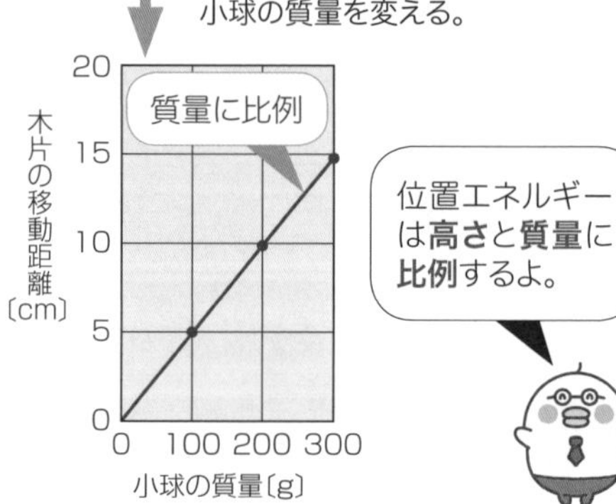

●**位置エネルギー**：高いところにある物体がもつエネルギー
基準面からの高さと物質の質量に比例

●**運動エネルギー**：運動している物体がもつエネルギー
物体の速さと質量で変わる

練習問題 ➡解答は別冊 p.11

1 次の文の ＿＿ にあてはまることばを書きなさい。

(1) 別の物体に仕事(しごと)をする能力を ＿＿ という。

(2) エネルギーは ＿＿ (J) という単位で表される。

(3) 高いところにある物体がもつエネルギーを ＿＿ エネルギーという。

(4) 位置(いち)エネルギーは，基準面からの高さが ＿＿ ほど大きくなる。

(5) 位置エネルギーは，物体の質量が ＿＿ ほど大きくなる。

(6) 運動している物体がもつエネルギーを ＿＿ エネルギーという。

(7) 運動(うんどう)エネルギーは，物体の速さが ＿＿ ほど大きくなる。

(8) 運動エネルギーは，物体の質量が ＿＿ ほど大きくなる。

2 エネルギーについて，次の問いに答えなさい。

(1) エネルギーの単位は何か。**名前**と**記号**で答えなさい。

名前 ＿＿ **記号** ＿＿

(2) 高い位置にある物体のもつエネルギーを何というか。

＿＿

(3) (2) のエネルギーの大きさを変える条件を2つ答えなさい。

＿＿

＿＿

階段をのぼると
疲れるのに，
位置エネルギー
は増えるんだなあ。

30 位置エネルギーと運動エネルギーの変換

力学的エネルギー保存の法則

なぜ学ぶの？

ジェットコースターで斜面(しゃめん)を下るとき，低くなるにつれてだんだん速くなっていくね。このとき，位置エネルギーは小さくなり，運動エネルギーは大きくなっているよ。位置エネルギーと運動エネルギーの変化の間にある関係に目を向けよう。

1 位置エネルギーと運動エネルギーの和は一定！

●**力学的(りきがくてき)エネルギー保存(ほぞん)の法則**…摩擦力(まさつりょく)や空気の抵抗(ていこう)などがなければ，
（力学的エネルギーの保存）　**力学的エネルギーは一定に保たれる。**

位置エネルギーと運動エネルギーの和。

これが大事！

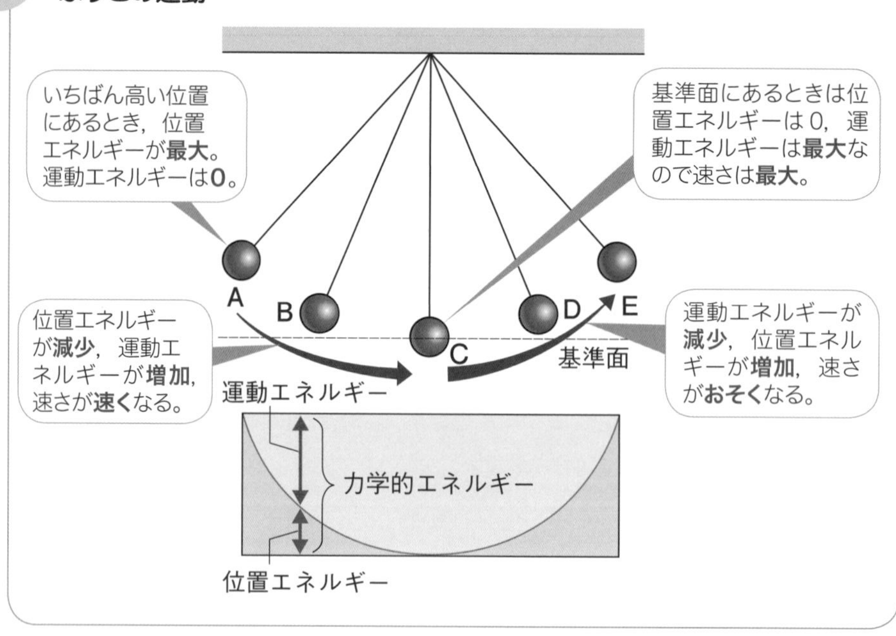

●**力学的エネルギー＝位置エネルギー＋運動エネルギー**
●**力学的エネルギー保存の法則**：力学的エネルギーは一定
摩擦力や空気の抵抗がないときに成り立つ

練習問題 ➡解答は別冊 p.11

1 次の文の　　　にあてはまることばを書きなさい。

(1) 位置エネルギーと運動エネルギーの和を　　　　　エネルギーという。

(2) 摩擦力や空気の抵抗がなければ，力学的エネルギーはいつも一定に保たれる。これを　　　　　の法則という。

2 右の図のように，AからEまで運動するふりこがある。

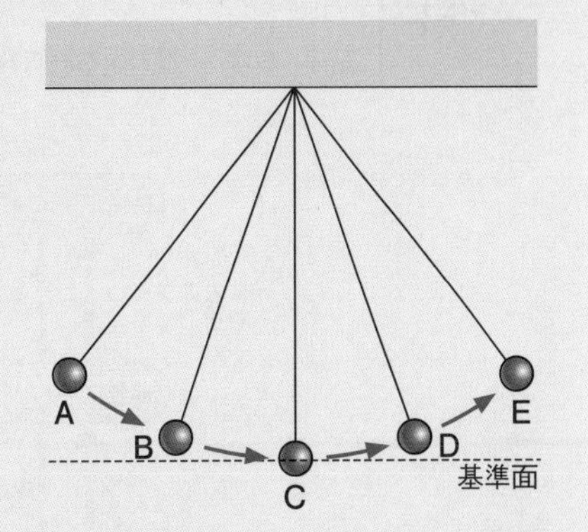

(1) おもりのもつ位置エネルギーがもっとも大きいのは，おもりが**A～E**のどの位置にあるときか。すべて選び，記号で答えなさい。

(2) 位置エネルギーが運動エネルギーに移り変わっているのは，どの区間か。**ア～ウ**から1つ選び，記号で答えなさい。

ア AC間　　**イ** CE間　　**ウ** AE間

(3) おもりのもつ運動エネルギーがもっとも大きいのは，おもりが**A～E**のどの位置にあるときか。すべて選び，記号で答えなさい。

これも！プラス **力学的エネルギーの保存の実際**

●実際の物体の運動では，**摩擦力や空気の抵抗がはたらく。**

➡力学的エネルギーの一部は**熱**や**音**などのエネルギーに変わり，**力学的エネルギーは保存されない。**

物質編　生命編　エネルギー編　地球編　環境編

31 エネルギーの移り変わり

エネルギー保存の法則

実際の物体の運動では，摩擦力や空気の抵抗がはたらいて力学的エネルギーの一部は熱や音になるよ[p.75]。熱や音もふくめて考えたときのエネルギーの量に注目するよ。これは身のまわりのエネルギーを考えるうえで大切だよ。

1 全部合わせるとエネルギーの総量は変わらない！

これが大事！

- **エネルギー保存の法則**…エネルギーが変換されても，**エネルギーの総量は変化せず，一定に保たれる。**
- **エネルギーの変換効率**…もとのエネルギーから目的のエネルギーに変換された割合。
  - 照明器具ならば光エネルギー。

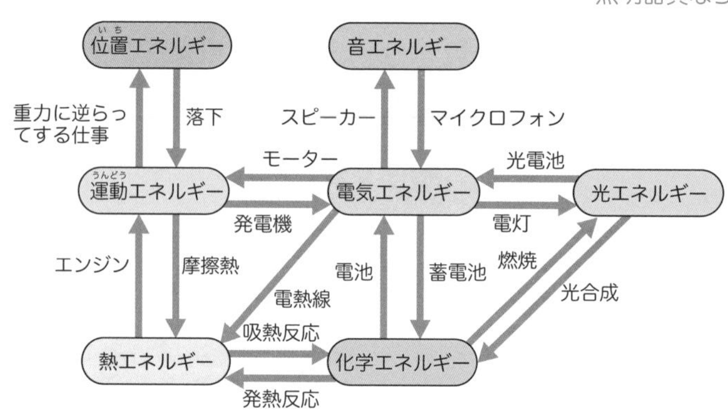

2 熱エネルギーは物質中を伝わっていく！

- **伝導（熱伝導）**…**高温の部分から低温の部分に**熱が伝わる現象。
- **対流**…温度がちがう**液体や気体が移動して**熱が運ばれる現象。
- **放射（熱放射）**…高温の物体の熱が**赤外線の光などとして放出される**現象。
  太陽の熱が空間をへだてて地球に伝わるのは放射によるものである。

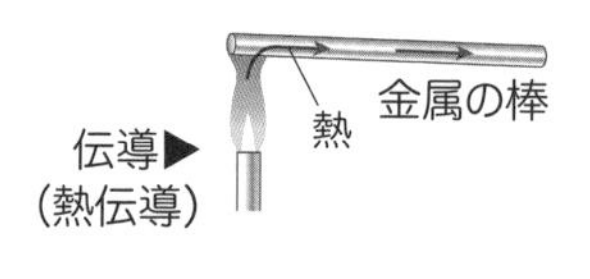

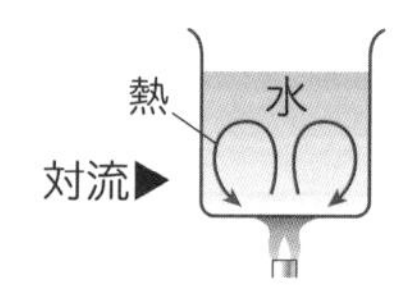

- 変換効率：もとのエネルギーから**目的のエネルギーに変換された割合**
- 熱の伝わり方：**伝導（熱伝導），対流，放射（熱放射）**

練習問題 ➡解答は別冊 p.12

1 次の文の ＿＿ にあてはまることばを書きなさい。

(1) エネルギーが変換(へんかん)されても，エネルギーの総量は変化せず，一定に保たれることを ＿＿＿＿ の法則という。

(2) もとのエネルギーから目的のエネルギーに変換された割合をエネルギーの ＿＿＿＿ という。

(3) 高温の部分から低温の部分に熱が伝わる現象を ＿＿＿＿ という。

(4) 温度がちがう液体や気体が移動することで熱が運ばれる現象を ＿＿＿＿ という。

(5) 高温の物体の熱が赤外線などの光として放出される現象を ＿＿＿＿ という。

2 下の図は，いろいろな物体の熱の伝わり方を表したものである。

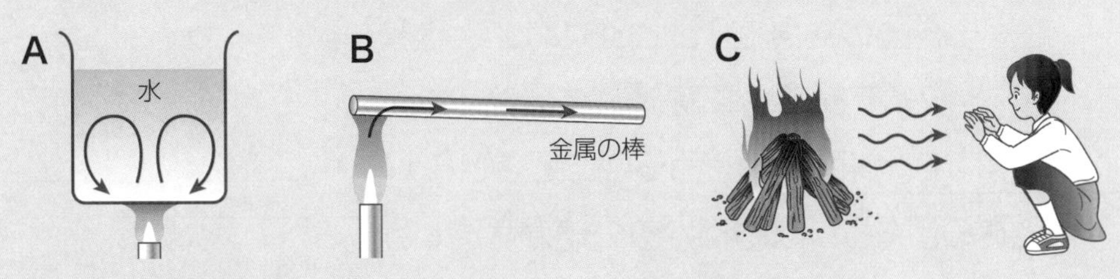

(1) **A～C**の熱の伝わり方をそれぞれ何というか。

A ＿＿＿＿ **B** ＿＿＿＿

C ＿＿＿＿

(2) 太陽による地面のあたたまり方は**A～C**のどれか。記号で答えなさい。

＿＿＿＿

エネルギーは
大切にしなくちゃ！

➡解答は別冊 p.12

おさらい問題 22～31

❶ 右の図は，いろいろな運動の時間と移動距離，または時間と速さの関係を表したものである。

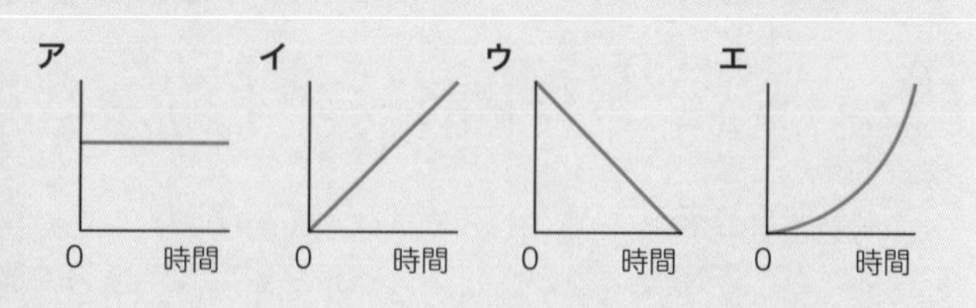

(1) 等速直線運動を行っているときの時間と速さの関係を表すグラフを，**ア～エ**から1つ選び，記号で答えなさい。

(2) 等速直線運動を行っているときの時間と移動距離の関係を表すグラフを，**ア～エ**から1つ選び，記号で答えなさい。

❷ **斜面を下る台車の運動について，次の実験を行った。**

実験1 **図1**のように，ばねばかりを使って，斜面の角度が30°と60°のときの台車にはたらく力の大きさを調べた。

実験2 斜面の角度を15°と30°にして，記録タイマーで台車の運動を記録した。

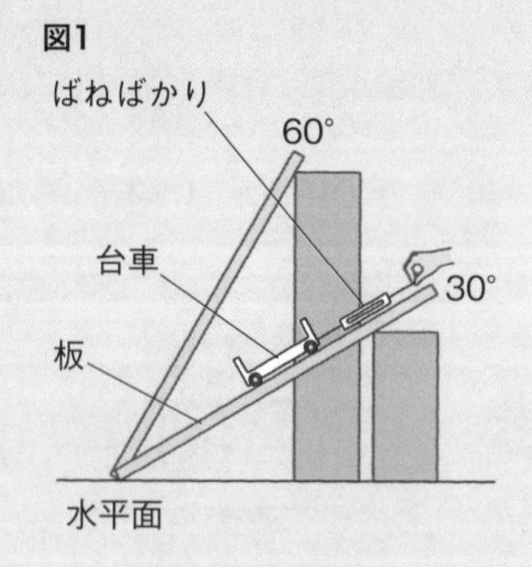

(1) 実験1 で，斜面の角度が30°のときと60°のときのどちらがばねばかりの値が大きいか。

(2) **図2・図3**は，実験2 の結果である。斜面の角度が30°のときの記録はどちらか。

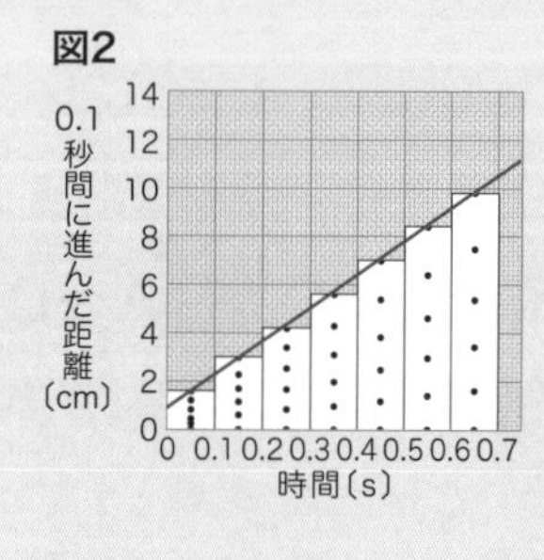

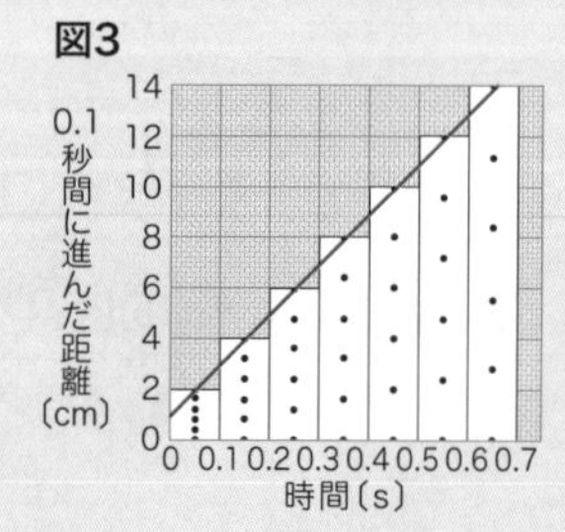

3 **質量600kgの物体を10mの高さまで持ち上げたい。A・B 2種類のモーターを用いて，この仕事をそれぞれ行った。次の問いに答えなさい。ただし，質量1kgの物体の重さを10Nとし，モーターの仕事率（しごとりつ）は，Aは600W，Bは400Wである。**

(1) この仕事の量を求めなさい。

(2) モーターAでは，この仕事に何秒かかるか。

(3) モーターBでは，この仕事に何秒かかるか。

4 **図1のような装置を用い，小球の高さや質量を変えて木片に衝突（しょうとつ）させ，木片の移動距離（きょり）を調べた。**

図1

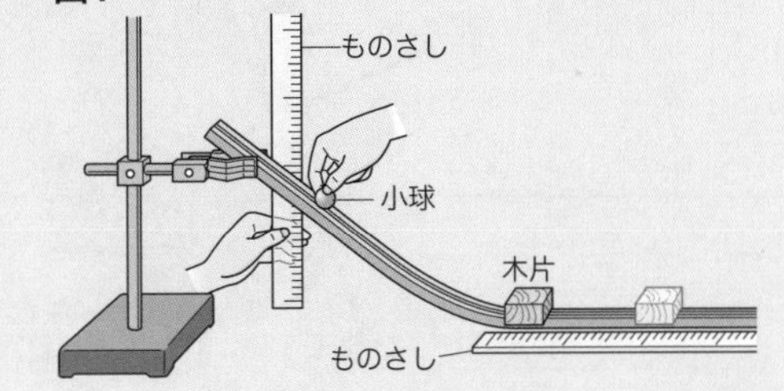

(1) **図2**は，質量の異なる小球**A**～**C**を用いたときの結果を表したものである。小球**A**～**C**のうち，もっとも質量が大きいものを1つ選び，記号で答えなさい。

図2

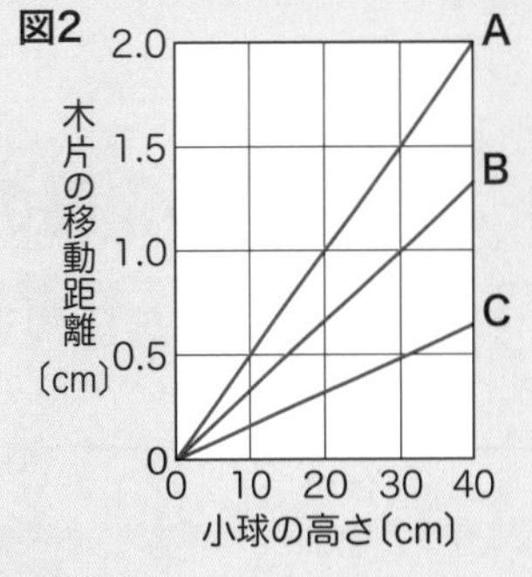

(2) **図2**から，小球の高さが2倍になると，小球のもつ位置エネルギーは何倍になると考えられるか。

(3) 運動エネルギーと小球の速さの関係は，**図3**のようになる。このグラフから読みとれる運動エネルギーと小球の速さの関係を簡単に答えなさい。

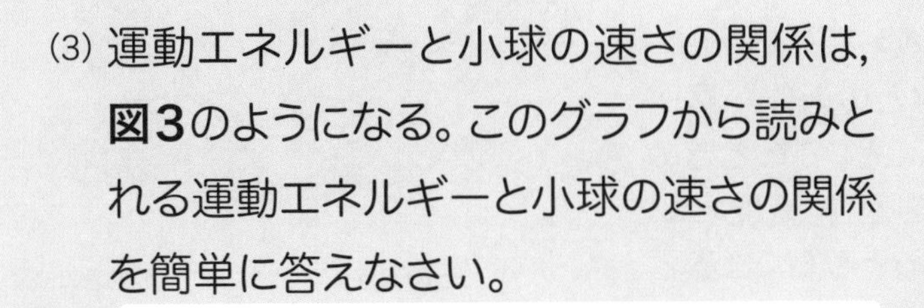

図3

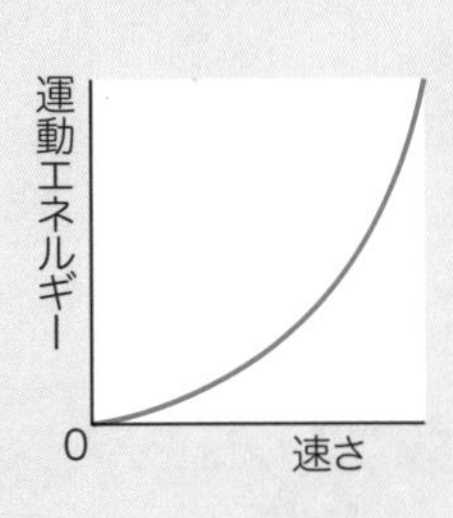

太陽の1日の動き
太陽の日周運動

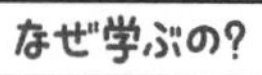

太陽などの天体の動きを調べるには,「いつごろどの方位に見える」かを知ることが大切なんだ。地球上の方位や日の出や日の入りなどの位置をつかんでおくと,天体の動きを理解するときに役立つよ。

1 経度と緯度をもとにして地球上の方位が決まる！

●**経線**に沿って**北極の方位が北**，**南極の方位が南**。

●**緯線**に沿って**南から90°左が東**，**90°右が西**になる。

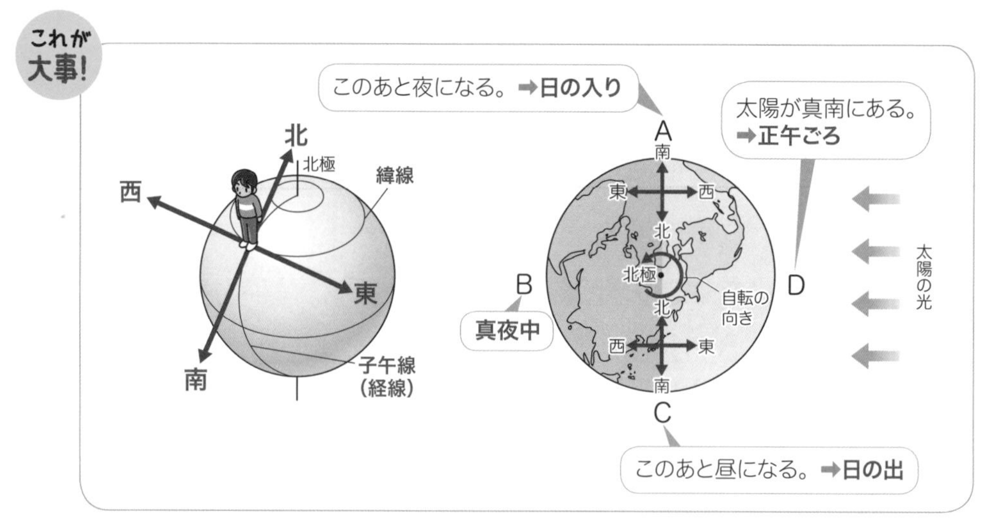

2 太陽の1日の動きを太陽の日周運動という！

●**太陽の日周運動**…太陽の1日の見かけの動き。
　└東から出て南の空を通って西の空へ沈む。

●**南中**…太陽などの天体が**真南にくること**。このときの高度を**南中高度**といい，**もっとも高くなる**。

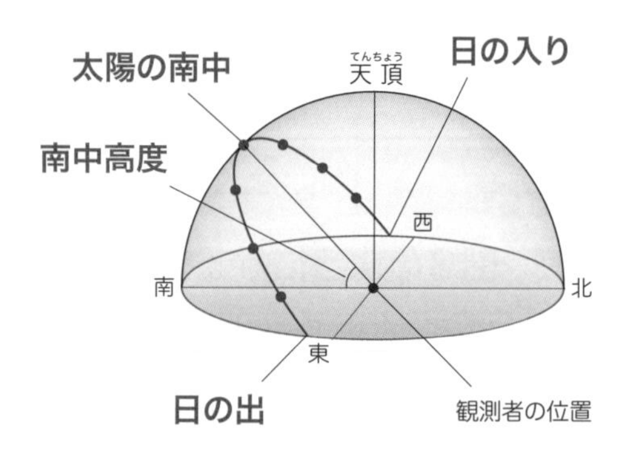

●北極の方位→北，南極の方位→南，南から90°左→東，南から90°右→西

●南中：天体が真南にくること→高度がもっとも高くなる

練習問題 →解答は別冊 p.12

1 次の文の ＿＿ にあてはまることばを書きなさい。

(1) 経線に沿(そ)って北極の方位が① ＿＿ ，南極の方位が

② ＿＿ ，南から90°左が③ ＿＿ ，90°右が

④ ＿＿ になる。

(2) 太陽などの天体が真南にくることを ＿＿ という。

(3) 太陽の１日の見かけの動きを，太陽の ＿＿ 運動という。

(4) 天体が南中(なんちゅう)したときの高度を① ＿＿ といい，高度がもっとも

② ＿＿ なる。

2 右の図は，日本のある地点で太陽の１日の動きを観測したときの記録である。

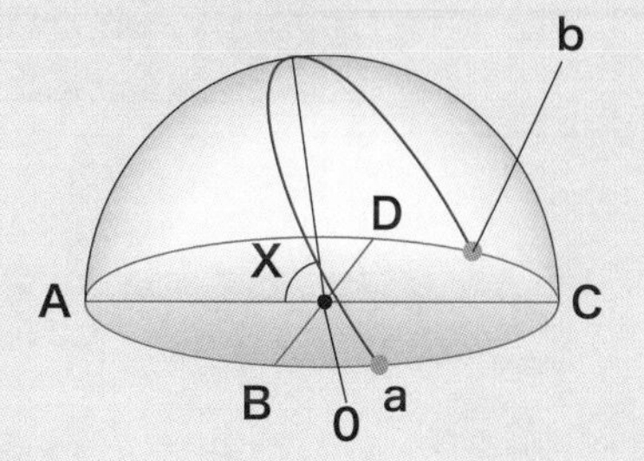

(1) 太陽の１日の動きを何というか。

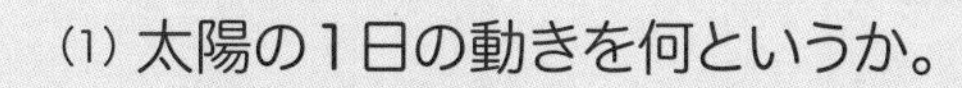

(2) Oは何を表しているか。

(3) A～Dの方位をそれぞれ答えなさい。

A ＿＿ B ＿＿ C ＿＿ D ＿＿

(4) Xの角度を太陽の何というか。

(5) a，bはそれぞれ何を表しているか。

a ＿＿

b ＿＿

物質編
生命編
エネルギー編
地球編
環境編

33 星の1日の動き

星の日周運動

東の空に見えた星は，時間とともに南の空の高いところを通って，西の空へと沈んでいくように見えるよ。このような南の空の星の動きは，太陽の動きと似ているね。太陽や星の1日の動きの原因はこのあとの学習の基本になるよ。

1 星は一定の速さで動いて見える！

●**星の日周運動**…空全体の星は，**1時間に約15°**の速さで，**東から西へ**動いているように見える。

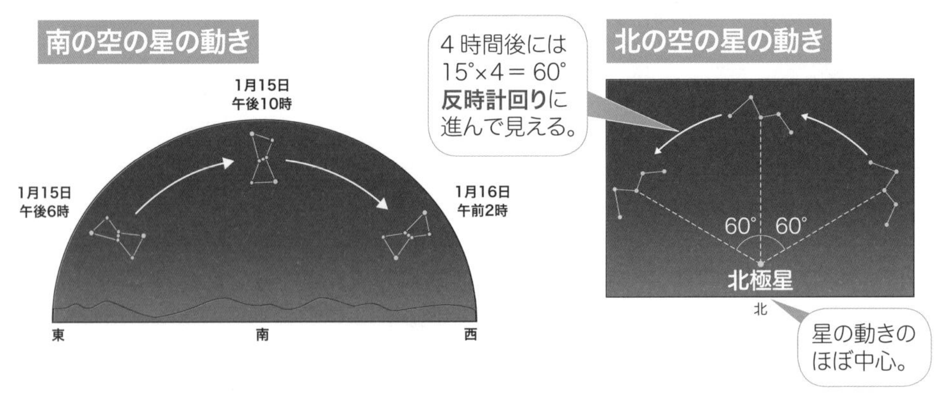

2 太陽や星の日周運動の原因は地球の自転！

これが大事！

●太陽や星の日周運動は，**地球の自転による見かけの運動**である。

●**地球の自転**…地軸（北極と南極を結ぶ線。）を中心として，**西から東へ1日に1回転している**。

●**天球**…**天体の位置や動きを表す**ために，空を球状に表したもの。

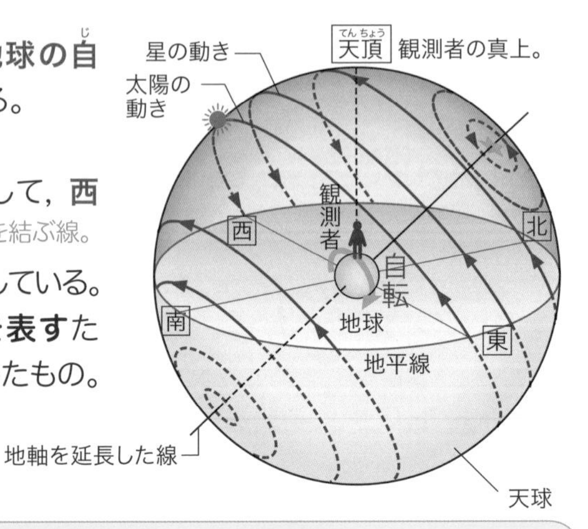

●星の日周運動：1時間に約15°の速さで，東から西へ
●地球の自転：地軸を中心に，西→東，1日に1回転

練習問題 ➡解答は別冊 p.13

❶ 次の文の ＿＿ にあてはまることばを書きなさい。

(1) 空全体の星は，1時間に約① ＿＿ の速さで，② ＿＿ から③ ＿＿ へ動いている。

(2) 星の1日の見かけの動きを，星の ＿＿ という。

(3) 北極と南極を結ぶ線を ＿＿ という。

(4) 地球は，① ＿＿ を中心に，② ＿＿ から③ ＿＿ へ1日に1回転している。地球のこのような動きを，地球の④ ＿＿ という。

❷ 右の図は，太陽や星の日周運動(にっしゅううんどう)を表したものである。

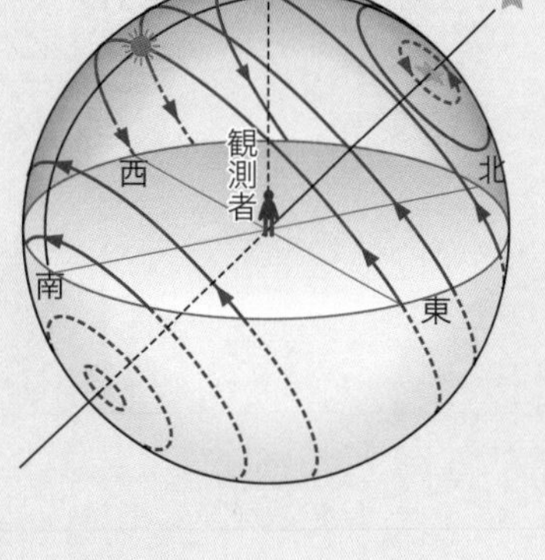

(1) Pは，観測者の真上である。これを何というか。 ＿＿

(2) 星Qは，星の動きのほぼ中心にある。この星の名前を答えなさい。 ＿＿

(3) 星は1時間に約何度移動するか。 ＿＿

(4) 太陽や星が東から西へ動いていくように見えることを何というか。 ＿＿

(5) (4) は，地球の運動による見かけの動きである。この運動を何というか。 ＿＿

34 天体の1年の動き
天体の年周運動

なぜ学ぶの？

太陽や星の1日の動きは日周運動(にっしゅううんどう)といって，地球の自転(じてん)による見かけの運動だったね[p.80, 82]。それに対して星の1年の動きを，星の年周運動(ねんしゅううんどう)というんだ。星の年周運動を理解すると，見える星座が季節によってどのように変わるかわかるよ。

1 季節によって見える星座が変わる原因は地球の公転！

●**星の年周運動**…同じ時刻に見える星座の位置が**1か月に約30°西へ動き**，1年で1周するように見えること。

●**地球の公転(こうてん)**…地球が太陽のまわりを1年かけて1周すること。北極側の宇宙空間から見ると，**反時計回り**に回っている。

これが大事！

四季の星座の移り変わり

太陽と反対方向にある星座は**真夜中に南中**し，
太陽の方向にある星座は**見ることができない。**

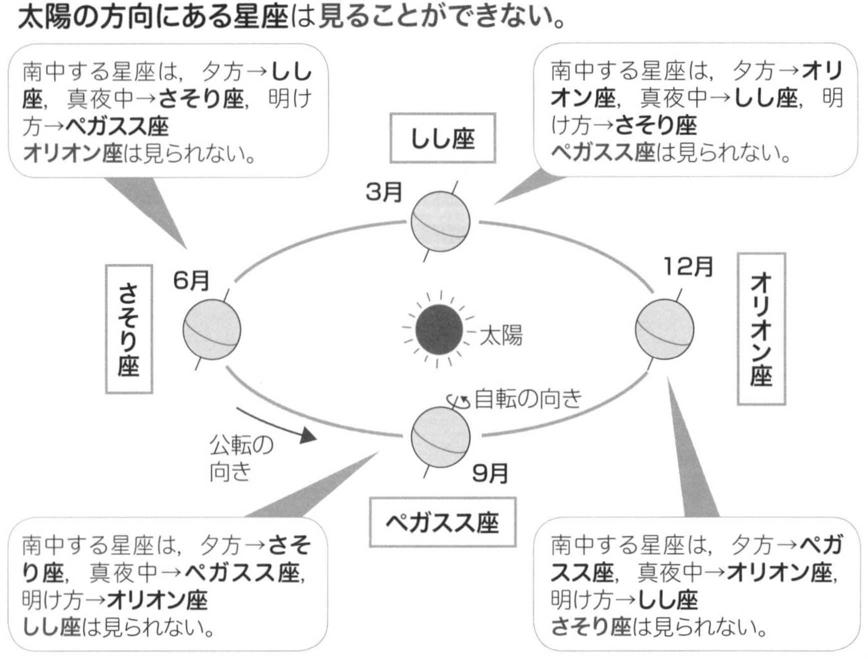

●**星の年周運動：同じ時刻に見える位置→1か月で約30°西へ**
●**地球の公転：向きは，地球の北極側から見て反時計回り**
●**太陽の方向にある星座：見ることができない**

練習問題 ➡解答は別冊 p.13

❶ 次の文の [ ] にあてはまることばを書きなさい。

(1) 同じ時刻に見える星座の位置が1か月に約① [ ] ずつ

② [ ] へ動き，1年で1周するように見えることを，星の

③ [ ] という。

(2) 地球が太陽のまわりを1年かけて1周することを，地球の [ ]

という。

(3) 地球の公転（こうてん）の向きは，北極側の宇宙空間から見ると，[ ] 回りになる。

❷ 右の図は，地球の公転とおもな星座の位置を表したものである。

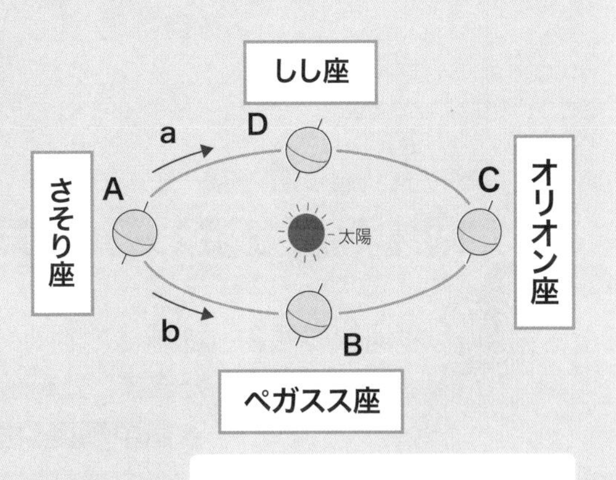

(1) 地球の公転の向きは，a・bのどちらか。

[ ]

(2) 地球がAの位置にあるとき，地球から見ることができない星座の名前を答えなさい。

[ ]

(3) 地球がBの位置にあるときに，真夜中に南中（なんちゅう）する星座の名前を答えなさい。

[ ]

(4) 夕方しし座が南中するのは，地球がA～Dのどの位置にあるときか。

[ ]

35 地球の運動と季節の変化

地軸の傾きと南中高度・昼の長さの変化

なぜ学ぶの？

夏は気温が高く，日が暮れるのもおそいけど，冬は気温が低く，日が暮れるのも早いね。このような変化が起こる理由を，地球の運動と結びつけて考えよう。

1 季節によって南中高度や日の出，日の入りの位置が変わる！

これが大事！

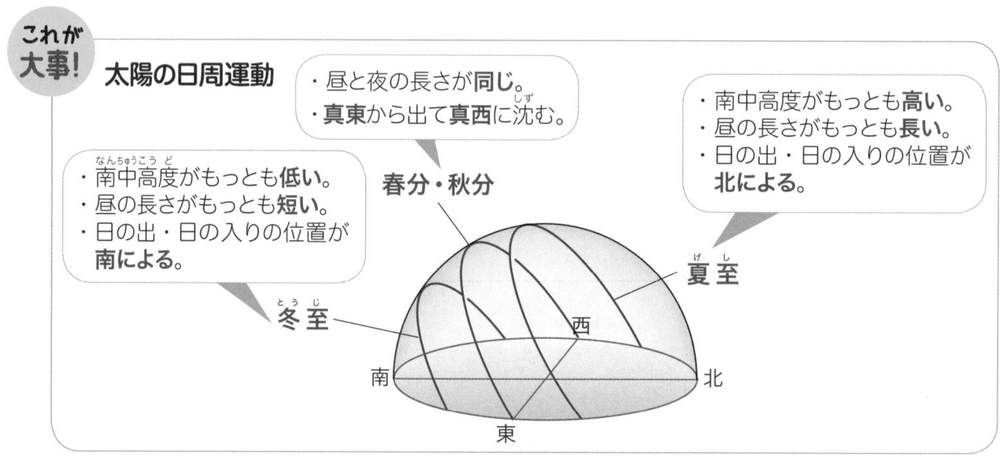

2 南中高度が変わるのは地軸が傾いているから！

これが大事！

●**地軸の傾き**…地球は，地軸を**公転面に垂直な方向に対して**約23.4°傾けたまま，公転している。

➡**南中高度や昼の長さが変わり**，季節の変化が起こる。

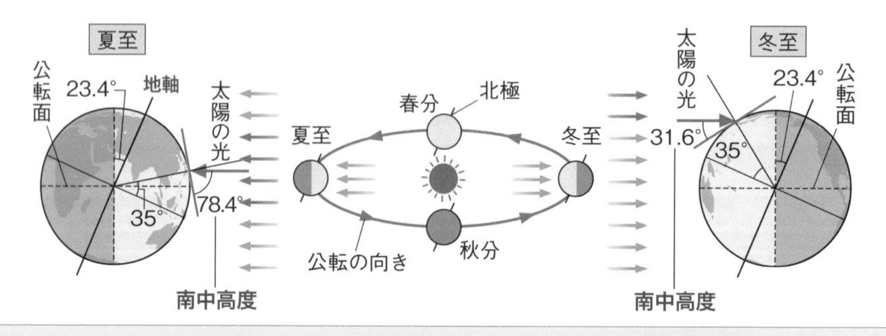

ゼッタイ！これだけ

●冬至：南中高度→**もっとも低い**，昼の長さ→**もっとも短い**
　夏至：南中高度→**もっとも高い**，昼の長さ→**もっとも長い**

●**地軸の傾き**によって，**南中高度や昼の長さが変わる**

練習問題 ➡解答は別冊 p.13

1 次の文の＿＿にあてはまることばを書きなさい。

(1) 冬至のときは，南中高度がもっとも①＿＿，昼の長さがもっとも②＿＿，日の出・日の入りの位置が③＿＿による。

(2) 夏至のときは，南中高度がもっとも①＿＿，昼の長さがもっとも②＿＿，日の出・日の入りの位置が③＿＿による。

(3) 地球は，地軸を公転面に垂直な方向に対して約＿＿度傾けたまま，公転している。

2 図1は日本のある地点で観測した冬至，夏至，春分・秋分のときの太陽の道すじ，図2は地球の公転のようすを表している。

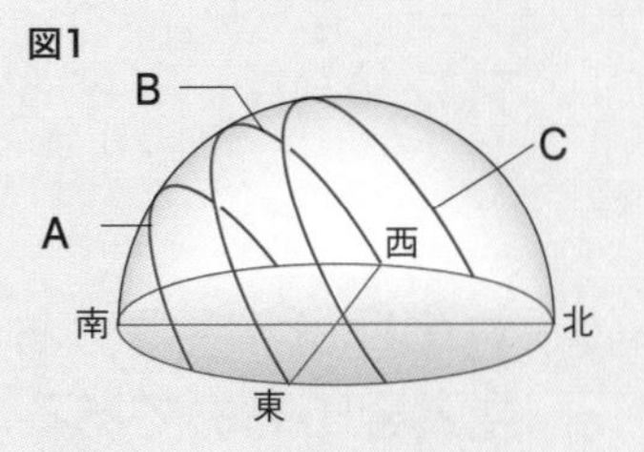

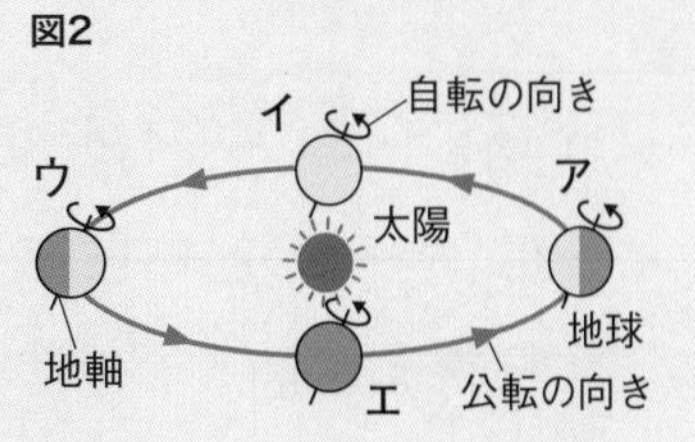

(1) **図1**の**A～C**は，いつの太陽の道すじをそれぞれ表しているか。次の**ア～ウ**から1つずつ選び，記号で答えなさい。

A＿＿ **B**＿＿ **C**＿＿

ア 冬至　**イ** 夏至　**ウ** 春分・秋分

(2) **図1**の**A～C**は，地球が**図2**の**ア～エ**のどの位置にあるときの記録か。すべて選び，記号で答えなさい。

A＿＿ **B**＿＿ **C**＿＿

➡解答は別冊 p.13

おさらい問題 32～35

❶ **右の図は，日本のある地点で太陽の1日の動きを観測したときの記録である。A～Dは東・西・南・北のいずれか，Eは太陽がもっとも高い位置にきた点，Oは透明半球の円の中心を表している。**

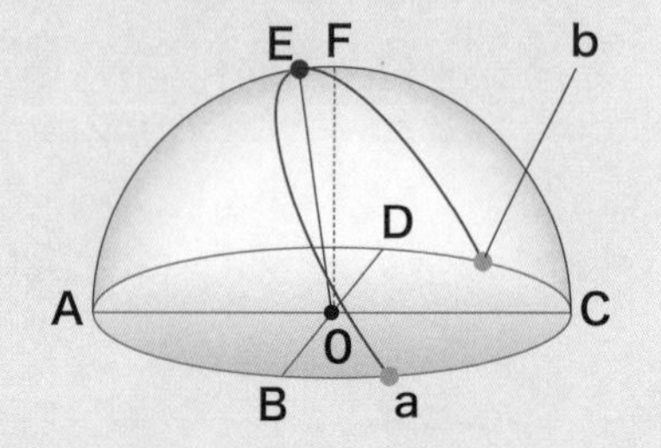

(1) 南を表しているのは，**A～D**のどれか。

(2) 観測者の真上の**F**を何というか。

(3) 日の出の位置を表しているのは，**a・b**のどちらか。

(4) 南中高度（なんちゅうこうど）はどのように表されるか。次の**ア～エ**から1つ選び，記号で答えなさい。

ア ∠AOE　**イ** ∠AOF　**ウ** ∠EOF　**エ** ∠COE

❷ **右の図は，日本のある地点で，9月5日の午後8時に北の空を観測したときのものである。**

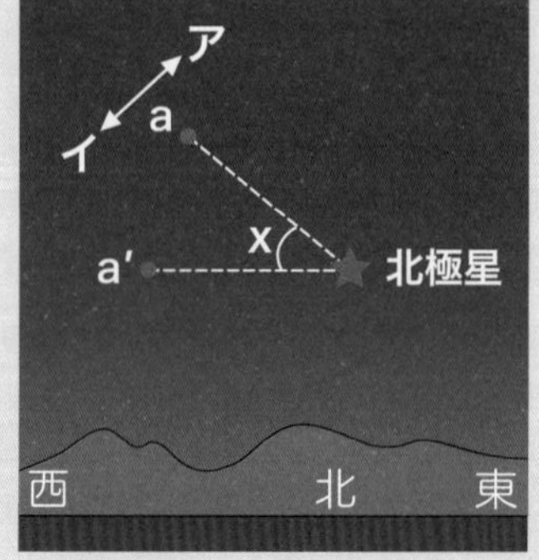

(1) 同じ日の午後9時に観測すると，星**a**は**ア・イ**のどちらに動いていると考えられるか。

(2) 同じ地点で，10月5日の午後8時に北の空を観測すると，**a**の星は**a′**の位置に見えた。**a**と**a′**の間の角**X**は約何度か。

❸ 図1は春分，夏至，秋分，冬至のときの地球の位置，図2は春分・秋分，夏至，冬至のときの太陽の道すじを表したものである。

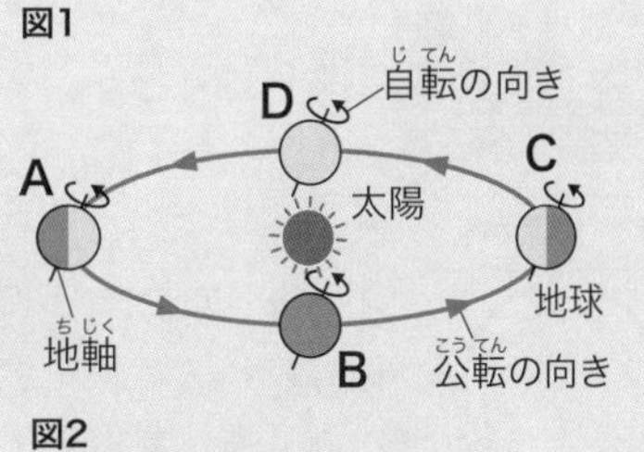

図2

(1) **図1のA～D**はそれぞれいつの地球の位置を表したものか。

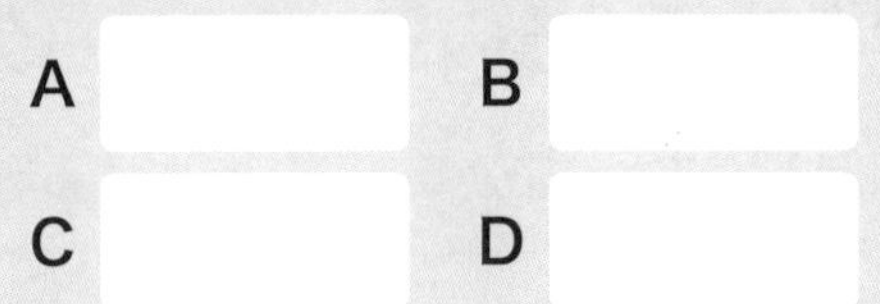
A　　B
C　　D

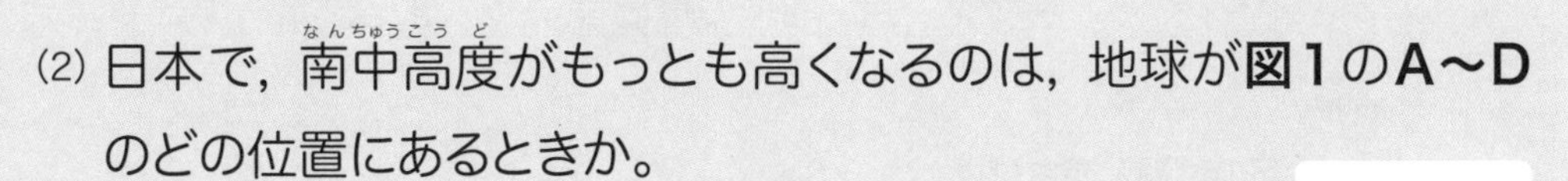
(2) 日本で，南中高度がもっとも高くなるのは，地球が**図1のA～D**のどの位置にあるときか。

(3) 日本で，昼の長さがもっとも短くなるのは，地球が**図1のA～D**のどの位置にあるときか。

(4) **図1のA～D**のときの太陽の道すじを，**図2のa～c**から1つずつ選びなさい。同じ記号をくり返し用いてもかまわない。

A　　B　　C　　D

(5) 次の文は，季節によって，太陽の南中高度や昼の長さにちがいがある理由を説明したものである。①～③にあてはまることばを答えなさい。

季節によって，太陽の南中高度や昼の長さにちがいがあるのは，地球が ① を公転面に垂直な方向に対して約 ② 度傾けたまま，太陽のまわりを ③ しているからである。

①　　②　　③

36 月の見え方

月の満ち欠け，日食と月食

日没後，西の空に見えていた月は，数日後同じ時刻に空を見ると，見える位置も形も変わっているね。月の見え方が変化するしくみを理解できると，次の満月がいつか予想できるようになるよ。

1 月は地球のまわりを公転するので，月の満ち欠けが起こる！

●**月の満ち欠け**…月が**地球のまわりを公転**するため，見える形や位置が変化する。
└太陽の光を反射してかがやいて見える。

太陽，月，地球の位置関係で決まる。

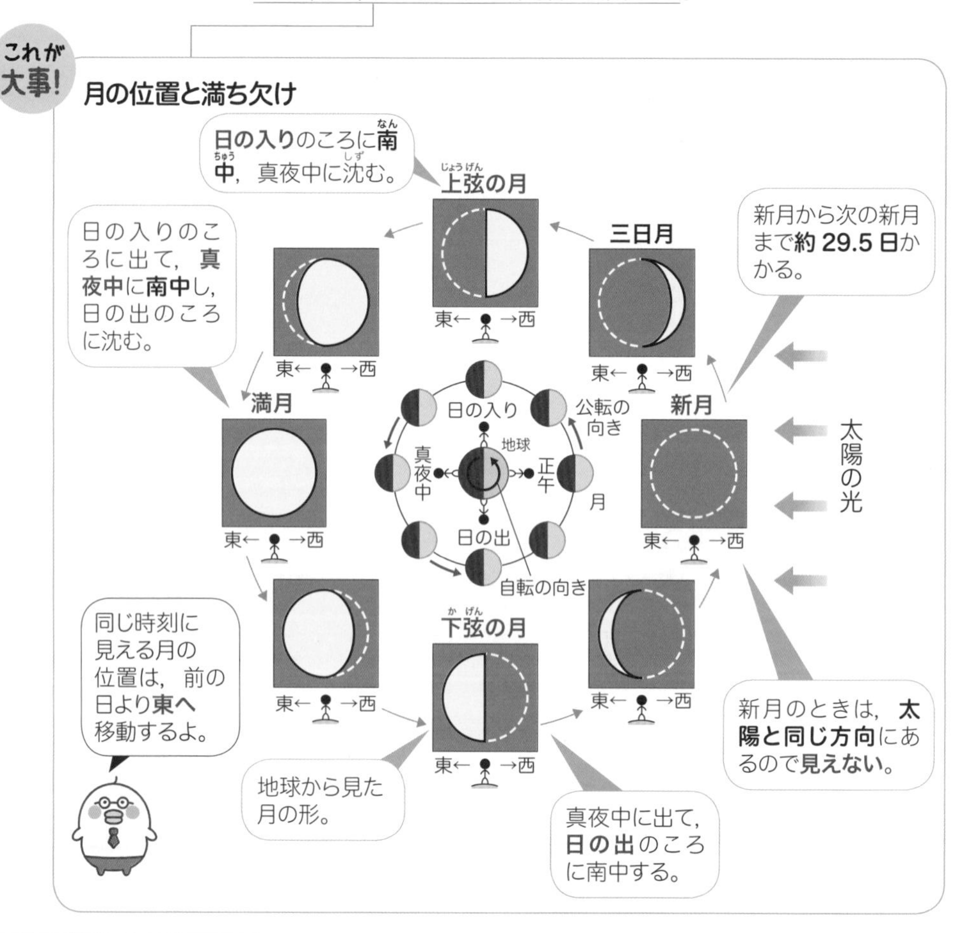

●月の満ち欠け：月が地球のまわりを**公転すること**で起こる
●新月：月が**太陽と同じ方向**にあるので見えない

練習問題

➡解答は別冊 p.14

1 次の文の　　　にあてはまることばを書きなさい。

(1) 月は，①　　　　のまわりを②　　　　することで，太陽，月，地球の位置関係が変化し，見える形や位置が変化する。

(2) 　　　　のときは，月が太陽の方向にあるので，地球から月を見ることができない。

2 右の図は，太陽・月・地球の位置関係を表したものである。

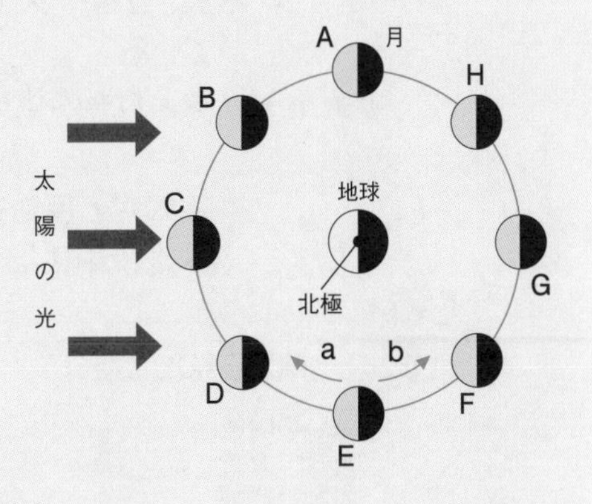

(1) 次の①〜④のような月が見えるのは，月がA〜Hのどの位置にあるときか。それぞれ記号で答えなさい。

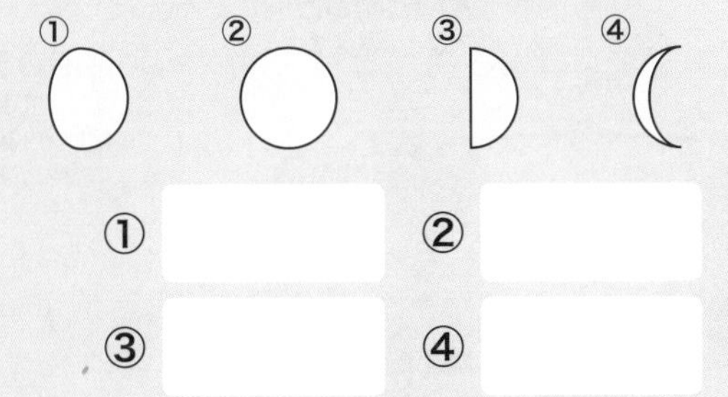

①　　　　②

③　　　　④

(2) 月の公転（こうてん）の向きは，a・bのどちらか。

これも！プラス 日食（にっしょく）と月食（げっしょく）は太陽，月，地球の位置関係で起こる！

●日食

太陽が**月にかくされる**現象。

●月食

月が**地球の影（かげ）に入る**現象。

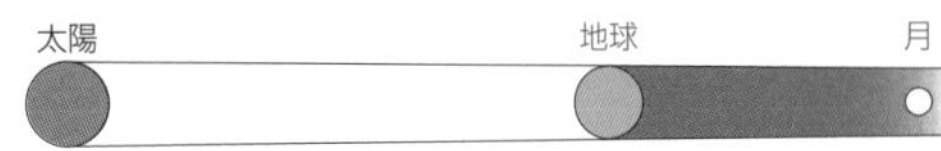

37 金星の見え方

明けの明星とよいの明星

天体望遠鏡で金星の観測を続けると，月のように形が変わるだけでなく，大きさも変わって見えるんだ。金星の形や大きさが変化する理由に目を向け，夜空で金星を見つけよう。

1 金星は地球より内側を公転している！

- **恒星**…太陽のように，**みずから光を出している**天体。
- **惑星**…**太陽のまわりを公転している天体**のうち，**水星**，**金星**，**地球**，**火星**，**木星**，**土星**，**天王星**，**海王星**の８つ。**太陽の光を反射して**かがやいている。
- **金星**…地球よりも**内側を公転**している。
  └太陽に近い順に，水星，金星，地球，火星，木星，土星，天王星，海王星。

➡太陽と**反対方向に位置することはない。**
➡**真夜中には見られない。**

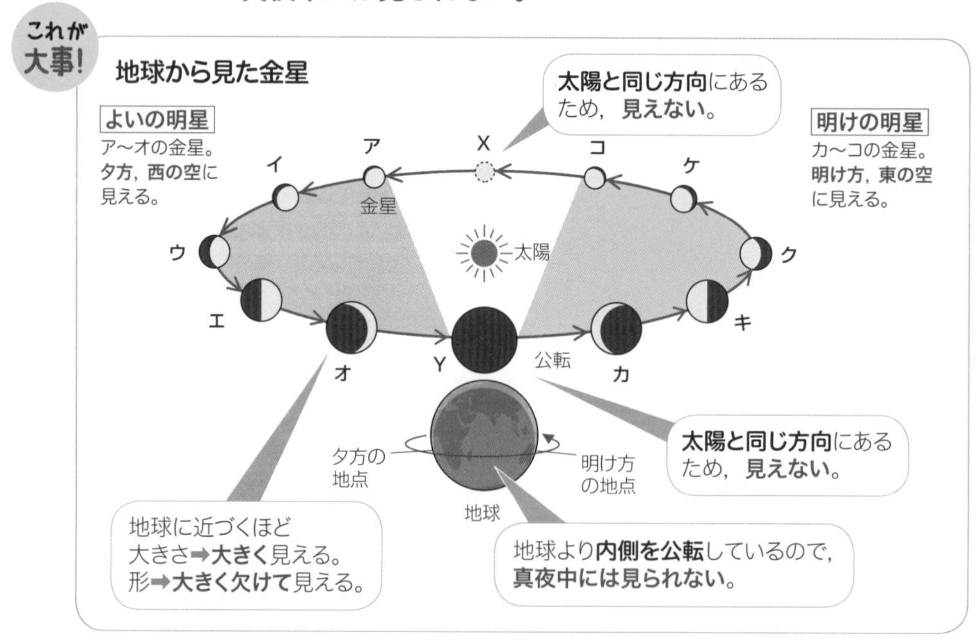

- **惑星**：太陽のまわりを公転する８つの天体
  水星，金星，地球，火星，木星，土星，天王星，海王星
- **よいの明星**：**夕方**，**西の空**に見られる
- **明けの明星**：**明け方**，**東の空**に見られる

練習問題 →解答は別冊 p.14

1 次の文の ＿＿ にあてはまることばを書きなさい。

(1) 太陽のまわりを公転(こうてん)している天体のうち，水星，金星，地球，火星，木星，土星，天王星，海王星の8つを ＿＿ という。

(2) 惑星(わくせい)は，＿＿ の光を反射(はんしゃ)してかがやいている。

(3) 太陽のように，みずから光を出している天体を ＿＿ という。

(4) 金星は，地球より① ＿＿ 側を公転しているため，太陽と反対側に位置することが② ＿＿ 。そのため，真夜中に観測することが③ ＿＿ 。

(5) 金星は，地球に近づくほど大きさが ＿＿ 見える。

(6) 金星は，地球に近づくほど ＿＿ 欠けて見える。

2 右の図は，太陽，金星，地球の位置関係を表したものである。

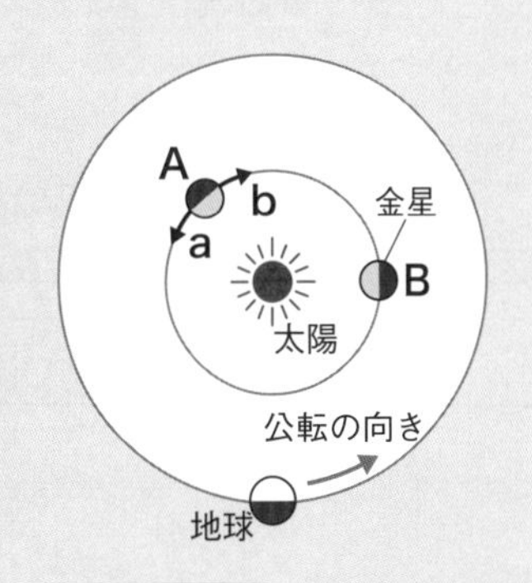

(1) 金星の公転の向きは，a・bのどちらか。 ＿＿

(2) Aの金星は，**いつごろ**どの**方角**の空に見えるか。

いつごろ ＿＿ **方角** ＿＿

(3) Bの金星は，**いつごろ**どの**方角**の空に見えるか。

いつごろ ＿＿ **方角** ＿＿

38 太陽系の天体

地球型惑星と木星型惑星，太陽のようす

太陽のまわりを回る惑星（わくせい）は地球をふくめて8つあるよ。太陽を中心とした天体の集まりを太陽系（たいようけい）というんだ。太陽系の惑星にはどんな特徴（とくちょう）があるか学ぼう。将来，地球以外の惑星で生活するという計画もあるんだよ。

1 惑星は2つのグループに分けられる！

これが大事！

地球型惑星（ちきゅうがたわくせい）…**大きさや質量は小さい**が，**密度が大きい。**
➡おもに岩石でできている。

木星型惑星（もくせいがたわくせい）…**大きさや質量は大きい**が，**密度が小さい。**
➡おもに気体からできている。

2 太陽も自転していることが黒点の観察でわかる！

●**黒点**（こくてん）…太陽の表面にある，**まわりよりも温度が低い**ために，暗く見える部分。
└太陽の表面の温度は約6000℃，黒点の温度は約4000℃。

黒点の動きから太陽の動きや形がわかる。

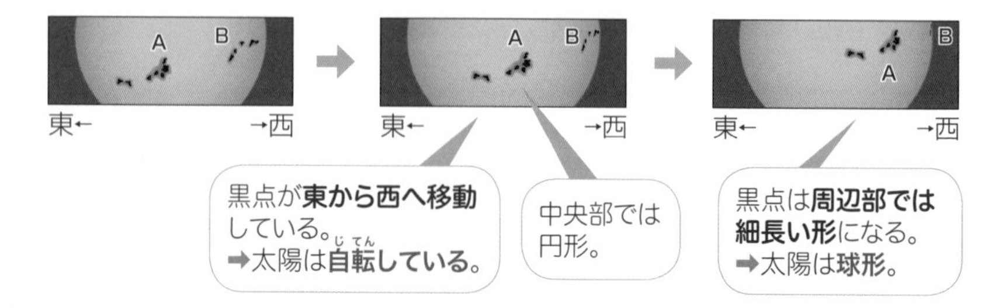

●地球型惑星：大きさや質量→**小さい**，密度→**大きい**
●木星型惑星：大きさや質量→**大きい**，密度→**小さい**
●黒点の観察：黒点は**東から西へ移動**→太陽は**自転**している
黒点は**中央部で円形**，**周辺部で細長い**→太陽は**球形**をしている

練習問題 ➡解答は別冊 p.14

❶ 次の文の ＿＿ にあてはまることばを書きなさい。

(1) 水星, 金星, 地球, ① ＿＿ は, ② ＿＿ 惑星(わくせい)とよばれる。

(2) 地球型惑星(ちきゅうがたわくせい)は, 大きさや質量は① ＿＿ が,

密度は② ＿＿ 。

(3) 木星, ① ＿＿ , 天王星, 海王星は, ② ＿＿ 惑星

とよばれる。

(4) 木星型惑星(もくせいがたわくせい)は, 大きさや質量は① ＿＿ が,

密度は② ＿＿ 。

(5) 太陽の表面に見える, まわりよりも温度が低いために, 暗く見える部分を

＿＿ という。

(6) 黒点(こくてん)は, 時間がたつと① ＿＿ から② ＿＿ へ移動

することから, 太陽が③ ＿＿ していることがわかる。

(7) 中央部で円形に見える黒点は, 周辺部では細長い形になることから, 太陽

は ＿＿ をしていることがわかる。

❷ 太陽の表面には, 暗く見える部分がある。

(1) この部分を何というか。 ＿＿

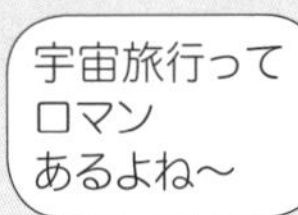

(2) この部分が暗く見える理由を簡単に書きなさい。

＿＿

➡解答は別冊 p.14

おさらい問題 36～38

1 **図1は，太陽，金星，地球の位置関係，図2は，地球から見えた金星のようすを表したものである。**

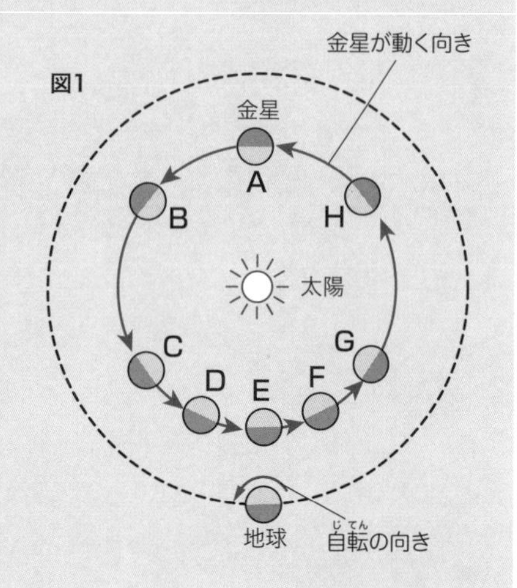

(1) 地球が**図1**の位置にあるとき，地球から金星を見ることができないのは，**A～H**のどの位置に金星があるときか。すべて選び，記号で答えなさい。

(2) **図2**のような金星が見えるのは，金星が**A～H**のどの位置にあるときか。

肉眼での見え方と同じにしてある。

(3) 金星が**B→C→D**と移動するとき，地球から見た金星の大きさはどのようになるか。次の**ア～オ**から1つ選び，記号で答えなさい。

ア 大きくなる。　**イ** 小さくなる。　**ウ** 変化しない。
エ 大きくなったあと，小さくなる。
オ 小さくなったあと，大きくなる。

(4) 金星が太陽のまわりを回ることを何というか。

(5) 明けの明星とよばれるのは，金星が**A～H**のどの位置にあるときか。すべて選びなさい。

(6) 金星を真夜中に見ることができない理由を簡単に答えなさい。

❷ 右の図は，太陽の表面のようすを，同じ時刻に4日間連続して観測したときの記録である。

1日目

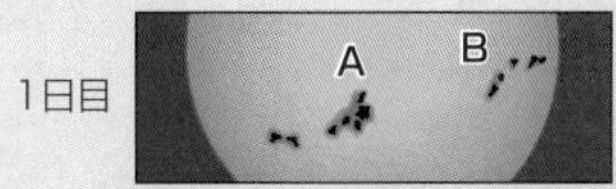

2日目

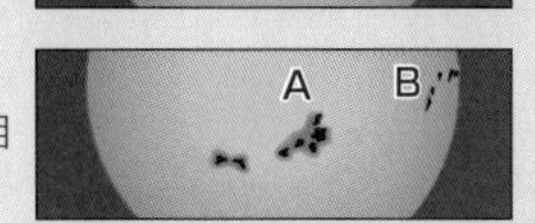

3日目

4日目

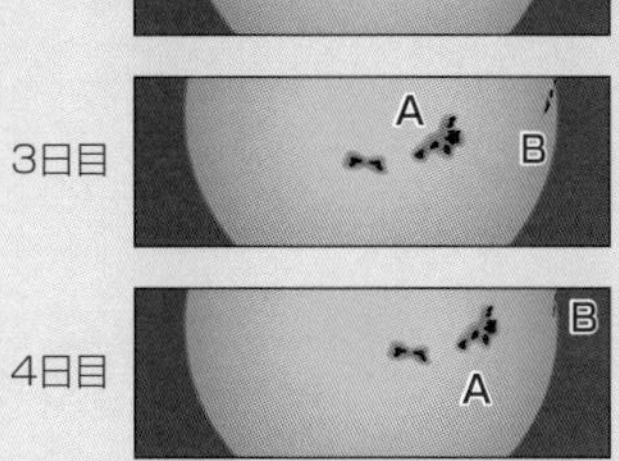

東←　→西

⑴ 太陽の表面に見える黒い点を何というか。

⑵ ⑴の点が黒く見える理由として正しいものを，次の**ア〜エ**から1つ選び，記号で答えなさい。

ア まわりよりも温度が高いから。　**イ** まわりよりも温度が低いから。
ウ 表面に湖があるから。　**エ** 表面が山のようになっているから。

⑶ ⑴の点はどの方位からどの方位へ動いているか。

⑷ ⑴の点は太陽の周辺部では細長い形をしているが，中央部では円形をしている。このことからわかる太陽の特徴（とくちょう）を簡単に書きなさい。

❸ 右の図は，太陽とそのまわりを公転（こうてん）している天体を表したものである。

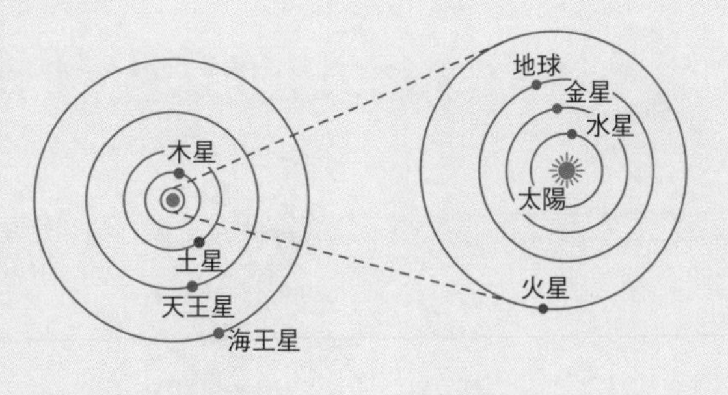

⑴ 地球や金星のように，太陽のまわりを公転している8つの天体を何というか。

⑵ 太陽のまわりを公転している天体は，その特徴から図の木星をふくむ左側のグループと地球をふくむ右側のグループに分けられる。左側のグループを何というか。

39 生物どうしのつながり

食物連鎖と生物の数量的な関係

なぜ学ぶの？

植物は光合成によって自分で有機物をつくり，動物はほかの生物を食べて有機物を体内にとり入れて生活しているね。これらの生物どうしのつながりがあるからわたしたちの生活が成り立っているよ。このつながりの特徴を学んでいくよ。

1 生物は食物連鎖によってつながっている！

これが大事！

●**食物連鎖**…**食べる・食べられるの関係**にある生物どうしのつながり。
実際の食物連鎖は多くの生物によって，複雑に網の目のようにつながっている。これを**食物網**という。

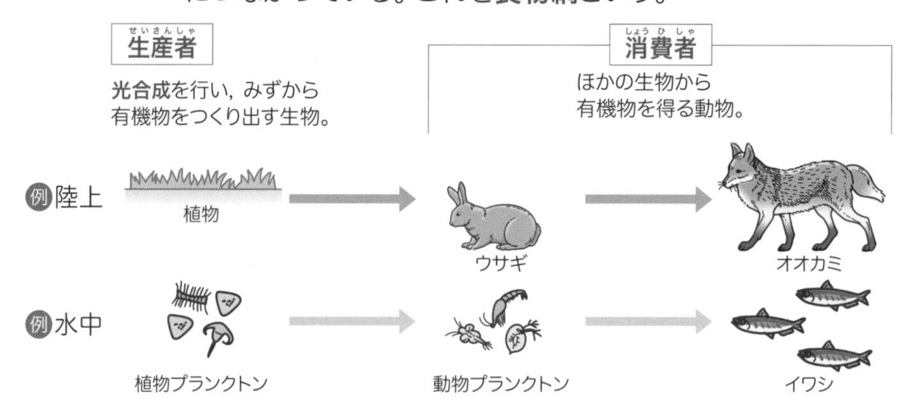

2 食物連鎖の上位の生物ほど数量が少ない！

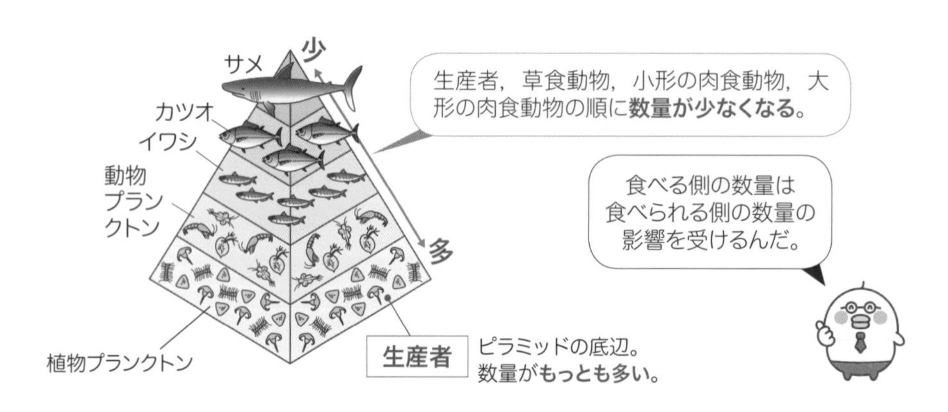

ゼッタイ！これだけ

●食物連鎖：食べる・食べられるという関係
●数量関係→上位のものほど数が少ない

練習問題 ➡解答は別冊 p.15

1 次の文の　　　にあてはまることばを書きなさい。

(1) 食べる・食べられるの関係にある生物どうしのつながりを　　　　という。

(2) 食物連鎖(しょくもつれんさ)は多くの生物によって，複雑に網(あみ)の目のようにつながっている。これを　　　　という。

(3) ①　　　　を行い，みずから有機物をつくり出す生物を
②　　　　という。

(4) ほかの生物から有機物を得る生物を　　　　という。

2 下の図は，自然界における生物の食べる・食べられるという関係を模式的に表したものである。

(1) このような食べる・食べられるという関係にある生物どうしのつながりを何というか。

(2) 上の生物の中で，光合成によって有機物をつくり出す生物はどれか。

(3) (2) の生物は，自然界の中で何とよばれるか。

(4) (2) 以外の生物は，自然界の中で何とよばれるか。

物質編　生命編　エネルギー編　地球編　環境編

土壌中の生物とそのはたらき

分解者

森の中の樹木は毎年たくさんの落ち葉を落とすよ。落ち葉は植物が育つときの養分になるんだ。どうやって養分になるかに目を向けよう。

1 落ち葉は分解者に分解される！

これが大事！

●**分解者**…生態系において，生物の死がいやふんなどの**有機物を無機物に分解する**はたらきにかかわる生物。

└ある環境とそこにすむ生物を1つのまとまりとして見たもの。（生態系）

例 死がいやふんを食べる土の中の小動物や微生物など。

●**土の中の食物連鎖**

落ち葉 → ダンゴムシ → ムカデ → モグラ

└**分解者**にあたる。（ダンゴムシ）

2 微生物のはたらきで有機物が無機物に変わる！

これが大事！

●**微生物**…菌類や細菌類など。呼吸により**有機物を無機物に分解**する。

- └キノコやカビ。（菌類）
- └乳酸菌や納豆菌など。（細菌類）
- └炭素をふくむ物質。燃えると二酸化炭素が発生する。（有機物）

微生物のはたらきを調べる実験

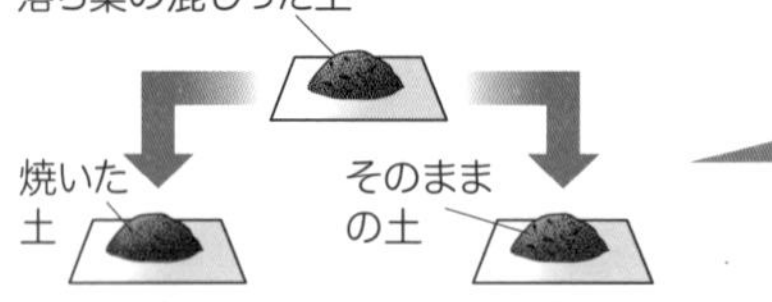

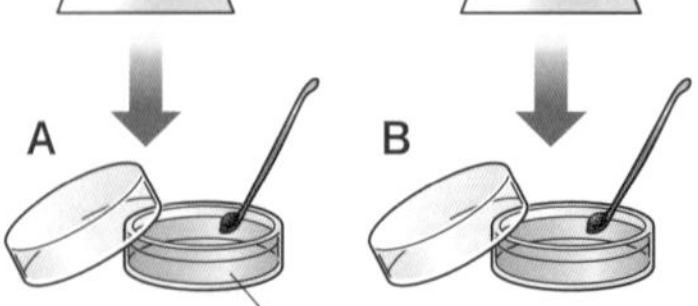

2～3日して培地にヨウ素溶液をかけると…
A⇒**青紫色**になった。　B⇒変化しなかった。

A：土を焼いたので，**微生物がいない**。
➡デンプン（有機物）が残っている。

B：そのままの土なので，**微生物がいる**。
➡微生物が**デンプン（有機物）を分解**した。

●**分解者：有機物を無機物に分解する**はたらきにかかわる
●**微生物→呼吸によって有機物を無機物に分解**

練習問題 ➡解答は別冊 p.15

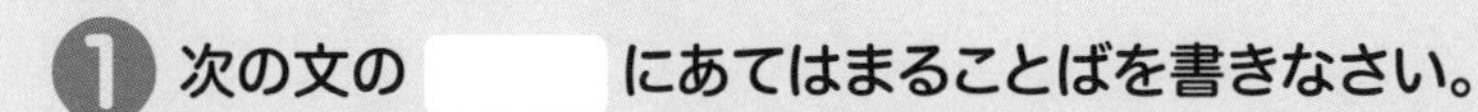

❶ 次の文の ＿＿ にあてはまることばを書きなさい。

(1) ある環境とそこにすむ生物を1つのまとまりとして見たものを ＿＿＿＿ という。

(2) 生物の死がいやふんなどの有機物を無機物に分解するはたらきにかかわる生物を ＿＿＿＿ という。

(3) 菌類や細菌類などをまとめて ＿＿＿＿ という。

(4) 微生物は, ＿＿＿＿ によって有機物を無機物に分解する。

❷ 下の図のA〜Dは, 土の中の生物などを表している。

A B C D

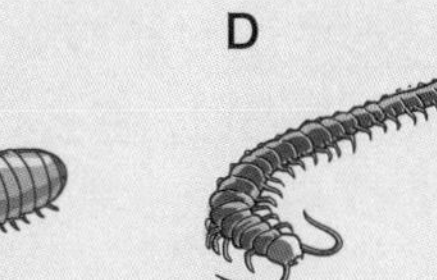

(1)「食べられるもの→食べるもの」の順に, **A〜D**を並べなさい。

＿＿ → ＿＿ → ＿＿ → ＿＿

(2) 分解者にあたるのは, **A〜D**のどの生物か。記号で答えなさい。 ＿＿＿＿

(3) 有機物を無機物に分解するはたらきのある生物を, 次の**ア〜エ**からすべて選び, 記号で答えなさい。 ＿＿＿＿

ア ダンゴムシ　　**イ** 乳酸菌
ウ ミミズ　　**エ** カビ

41 生態系における物質の循環

炭素の循環

なぜ学ぶの？

有機物は炭素をふくむ物質だよ[p.100]。有機物にふくまれる炭素は植物の光合成によってとり入れられた二酸化炭素がもとになっているんだ。その後，有機物にふくまれた炭素はどうなっていくのかに注目しよう。

1 自然界の中で炭素や酸素は循環する！

これが大事！

●**物質の循環**…炭素や酸素などの物質は，生物のからだとまわりの環境の間を**循環**している。

●無機物の二酸化炭素と水は，**生産者**である植物に吸収され，**光合成**に使われる。➡生産者はデンプンなどの有機物をつくり，酸素を放出する。

●生産者がつくった有機物は，**消費者**である草食動物に食物としてとり入れられ，さらに草食動物を食べる肉食動物にとりこまれる。

とりこまれた**有機物**は，生物が生活に必要なエネルギーをとり出すための**呼吸**に使われ，**無機物の二酸化炭素と水**が放出される。

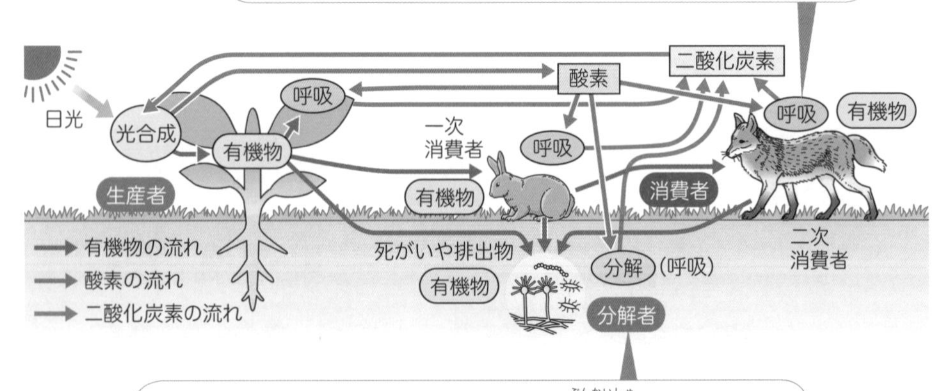

生物の死がいやふんにふくまれる**有機物**は，**分解者**にとり入れられ，**呼吸**によって，**無機物**の**二酸化炭素や水など**に分解される。
└再び植物に吸収される。

ゼッタイ！これだけ
●炭素などの物質→**光合成**や**呼吸**，**食物連鎖**，**分解**などのはたらきによって，**生物のからだとまわりの環境の間を循環**する

練習問題 ➡解答は別冊 p.15

❶ 次の文の　　　にあてはまることばを書きなさい。

(1) ①　　　である植物は，無機物の二酸化炭素と水を吸収し，②　　　によって有機物をつくり，酸素を放出する。

(2) 生産者(せいさんしゃ)がつくった有機物は，　　　である草食動物に食物としてとり入れられ，さらに草食動物を食べる肉食動物にとりこまれる。

(3) とりこまれた有機物は，生活に必要なエネルギーをとり出すための①　　　に使われ，②　　　の二酸化炭素と水が放出される。

(4) 生物の死がいやふんにふくまれる有機物は，微生物(びせいぶつ)（菌類(きんるい)・細菌類(さいきんるい)）などの　　　にとり入れられ，呼吸によって，二酸化炭素や水などの無機物に分解される。

❷ 右の図は，自然界における物質の循環(じゅんかん)のようすを表したものである。

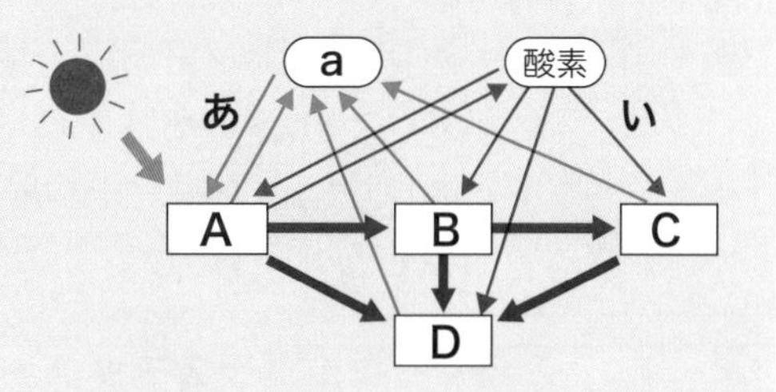

(1) 生産者を表しているのは，**A～D**のどれか。

(2) **a**にあてはまる気体の名前を答えなさい。

(3) 矢印**あ，い**はそれぞれ何とよばれるはたらきによるものか。

あ

い

物質編
生命編
エネルギー編
地球編
環境編

42 プラスチック

プラスチックの性質

身のまわりには，プラスチックでできたものがたくさんあるね。でもプラスチックの利用を減らそうという動きがあるよ。これはなぜなのか，プラスチックの性質をもとに考えるよ。

1 プラスチックにはいろいろな長所があるが問題点もある！

●プラスチック…**石油**などを原料に人工的につくられた**高分子化合物**。

非常に大きな分子からできた物質。

これが大事！

プラスチックに共通する性質

・**電気を通さない**。➡絶縁体(ぜつえんたい)として利用される。

・**水をはじく**。➡船の船体などに利用される。

・熱を加えると**変形しやすい**。➡加工しやすい。

・加熱すると燃えて，**二酸化炭素**を発生する。

・**腐(くさ)らずさびない**。

おもなプラスチックの性質

種類	性質
ポリエチレン（PE）	油や薬品に強く，バケツや薬品の容器に使われる。
ポリプロピレン（PP）	軽くて割れにくく，コップや菓子の袋(ふくろ)に使われる。
ポリスチレン（PS）	断熱材（発泡(はっぽう)ポリスチレン）に利用される。
ポリエチレンテレフタラート（PET）	透明で割れにくく，**ペットボトル**に利用される。

●**マイクロプラスチック**…**廃棄(はいき)されたプラスチック**が水中をただよううちに細かくなったもの。魚や海鳥の体内に蓄積される。

魚に蓄積されたプラスチックはいずれ人にかえってくるのね。

●**生分解性(せいぶんかいせい)プラスチック**…ふつう，プラスチックは微生物(びせいぶつ)のはたらきで分解されないが，**微生物のはたらきで分解**されて**無機物になる**プラスチック。

●**プラスチック**：石油などからつくられる

●**ペットボトル**の原料：**ポリエチレンテレフタラート（PET）**

練習問題 ➡解答は別冊 p.15

❶ 次の文の ＿＿ にあてはまることばを書きなさい。

(1) プラスチックは, ＿＿＿＿ などを原料に人工的につくられた高分子化合物である。

(2) 一般にプラスチックは，電気を ＿＿＿＿ 。

(3) プラスチックは，水を ＿＿＿＿ 。

(4) プラスチックは，熱を加えると ＿＿＿＿ しやすく，加工しやすい。

(5) プラスチックは，加熱すると燃えて ＿＿＿＿ を発生する。

(6) ペットボトルの原料は ＿＿＿＿ である。

(7) 廃棄(はいき)されたプラスチックが水中をただよううちに細かくなったものを ＿＿＿＿ という。

(8) 微生物(びせいぶつ)のはたらきで分解されて無機物になるプラスチックを ＿＿＿＿ という。

❷ プラスチックについて，次の問いに答えなさい。

(1) プラスチックはおもに何を原料につくられるか。 ＿＿＿＿

(2) プラスチックが燃えたときに発生する気体は何か。 ＿＿＿＿

(3) ペットボトルの原料になるポリエチレンテレフタラートの略称を，アルファベットで答えなさい。 ＿＿＿＿

エネルギー資源の利用

発電の方法

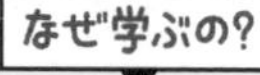

日常のいろいろな場面で，電気を使っているよね。停電になったら本当に大変だよね。毎日使っている電気はどのようにしてつくられているのかを学んで，その大切さをもう一度確認しよう。

1　電気はおもに火力発電，水力発電，原子力発電でつくられる！

火力発電	●**化石燃料**を**燃焼**させ，水を高温・高圧の水蒸気にして └石油，石炭，天然ガスなど。埋蔵量に限りがある。 発電機を回転させる。 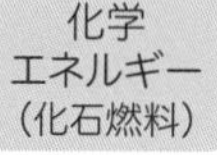 → 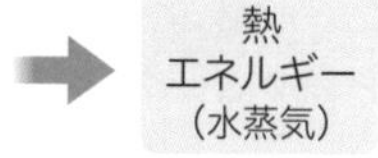 → 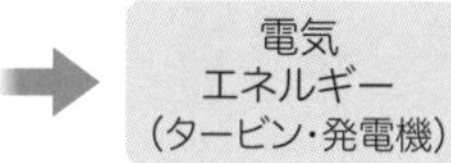
	問題点 ・**地球温暖化**の原因とされる**二酸化炭素を大量に排出。** └地球の平均気温が上昇する現象。
水力発電	●**ダムにためた水**を落下させて，発電機を回転させる。 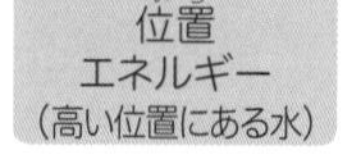 → 
	問題点 ・ダムの**設置場所が限定**される。 ・山林の破壊など**環境への影響**がある。 ・ダムの底に土砂がたまる。
原子力発電	●ウランなどの**核燃料**が**核分裂**するときのエネルギーをもとに，水を高温・高圧の水蒸気にして発電機を回転させる。 核 エネルギー （ウラン）  → 熱 エネルギー （水蒸気） → 
	問題点 ・**核燃料**や**使用済み核燃料**から**放射線**が発生する。

- **火力発電→**原料は**化石燃料**（石油，石炭，天然ガス）
- **水力発電→**ダムの**水を落下させて**発電
- **原子力発電→核燃料**の**核分裂**を利用

練習問題

➡解答は別冊 p.16

❶ 次の文の　　　にあてはまることばを書きなさい。

(1) 石油，石炭，天然ガスを　　　　　という。

(2) 　　　　　では，化石燃料を燃焼させ，水を高温・高圧の水蒸気にして発電機を回転させる。

(3) 化石燃料の埋蔵量には限りが　　　　　。

(4) 火力発電では，　　　　　の原因と考えられている二酸化炭素が大量に発生する。

(5) 　　　　　では，ダムにためた水を落下させて，発電機を回転させる。

(6) ダムの設置場所は　　　　　いる。

(7) ①　　　　　は，ウランなどの核燃料が②　　　　　するときのエネルギーをもとに，水を高温・高圧の水蒸気にして発電機を回転させる。

(8) 核燃料や使用済み核燃料から　　　　　が発生する。

❷ いろいろな発電方法について，次の問いに答えなさい。

(1) 火力発電の原料を3つ答えなさい。

(2) 水力発電では，水のもつ何エネルギーをもとに発電を行っているか。

44 放射線，エネルギーの有効利用

放射線の性質，再生可能エネルギー

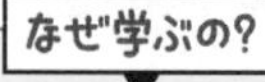

原子力発電は地球温暖化の原因とされる二酸化炭素を出さないという利点があるけれど，核燃料や使用済み核燃料から放射線が出るという問題があるよ。新しい発電方法について学んで，これからのエネルギーについて考えるよ。

1 放射線はものを通りぬけ，原子をイオンに変える！

これが大事！

- **放射能**…放射性物質が**放射線を出す能力**。
- **透過力（透過性）**…放射線がもつ，**物質を通りぬける能力**。
- **電離作用**…放射線がもつ，原子から電子をうばい**イオンにする性質**。

放射線	特徴
α 線	ヘリウムの**原子核**の流れ
β 線	**電子**の流れ
中性子線	**中性子**の流れ
γ 線	原子核から出た**電磁波**
X 線	原子核の外から出た**電磁波**

放射性物質が外にもれると，土壌や水が汚染されるんだ。

2 再生可能エネルギーは環境を汚すおそれが少ない！

これが大事！

●**再生可能エネルギー**…太陽光や風力，地熱など**何度でもくり返して利用することができる**エネルギー。

発電方法	特徴
太陽光発電	**光電池**によって太陽の**光エネルギー**を電気エネルギーに変換。
風力発電	風のもつ**運動エネルギー**を電気エネルギーに変換。
地熱発電	地下のマグマの**熱エネルギー**を電気エネルギーに変換。
バイオマス発電	サトウキビやトウモロコシ，家畜のふんなどがもつ**化学エネルギー**を電気エネルギーに変換。

●放射能：放射線を出す能力

●再生可能エネルギー→太陽光，風力，地熱，バイオマスなど

練習問題 ➡解答は別冊 p.16

❶ 次の文の [　　] にあてはまることばを書きなさい。

(1) 放射性物質が放射線(ほうしゃせん)を出す能力を [　　　　] という。

(2) 放射線がもつ，物質を通りぬける能力を [　　　　] という。

(3) 放射線がもつ，原子から電子(でんし)をうばってイオンにする性質を [　　　　] という。

(4) [　　　　] はヘリウムの原子核(げんしかく)の流れである。

(5) [　　　　] は電子の流れである。

(6) 太陽光発電では，① [　　　　] によって太陽の② [　　　　] エネルギーを電気エネルギーに変換する。

(7) 風力発電では，風の [　　　　] エネルギーで発電機を回して発電する。

(8) 地熱発電では，地下のマグマの [　　　　] エネルギーによって水蒸気(すいじょうき)をつくり，発電する。

(9) バイオマス発電では，サトウキビやトウモロコシ，家畜のふんなどがもつ [　　　　] エネルギーを利用する。

❷ 次のア～エの発電について，あとの問いに記号で答えなさい。

ア 太陽光発電　**イ** 風力発電　**ウ** 地熱発電　**エ** バイオマス発電

(1) 運動(うんどう)エネルギーを電気エネルギーに変えているのはどれか。 [　　]

(2) 化学エネルギーを最終的に電気エネルギーに変えているのはどれか。 [　　]

➡解答は別冊 p.16

おさらい問題 39～44

1 **右の図は，ある池にすんでいる生物の数量的な関係を表したものである。**

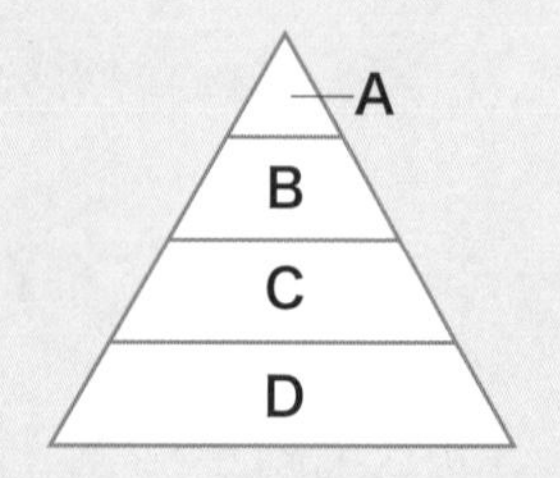

(1) **A～D**のうち，もっとも数量が少ないのはどれか。

(2) 次の生物は，それぞれ**A～D**のどこに入るか。

メダカ　　**ミジンコ**

フナ　　**植物プランクトン**

(3) あるとき，**C**の生物が大量発生した。これによって，**B**，**D**の数量は一時的にどうなるか。

B　　**D**

2 **右の図のように，Aには焼いた土，Bには採取したそのままの土を置き，実験を行った。**

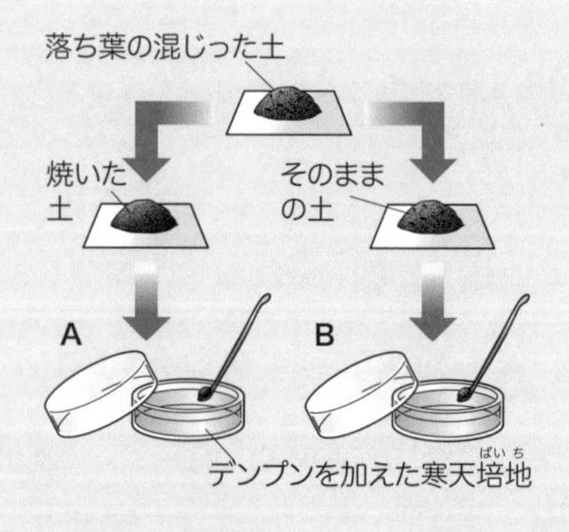

(1) ヨウ素溶液をかけたとき，色が変化したのは**A・B**のどちらか。

(2) この実験からわかる微生物のはたらきを簡単に答えなさい。

❸ 下の図は，自然界における物質の流れを表している。

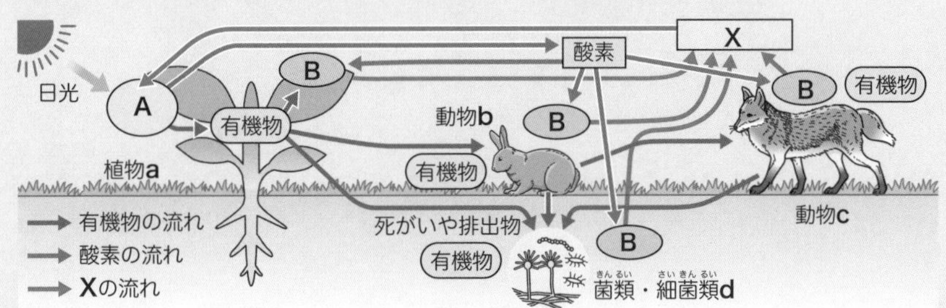

(1) Xで表されている気体の名前を答えなさい。

(2) A，Bのはたらきをそれぞれ何というか。

A　　B

(3) 消費者とよばれるものを，a～dからすべて選び，記号で答えなさい。

❹ 下の図は，火力発電におけるエネルギーの移り変わりを表したものである。

(1) 化石燃料を3つ答えなさい。

(2) ①～③にあてはまることばをそれぞれ答えなさい。

①　　②　　③

物質編　生命編　エネルギー編　地球編　環境編

スタッフ

編集協力	下村良枝
校正	平松元子，田中麻衣子，山﨑真理
本文デザイン	株式会社 TwoThree
カバーデザイン	及川真咲デザイン事務所（内津剛）
イラスト	福田真知子（熊アート） 有限会社 熊アート
組版	株式会社 インコムジャパン

とってもやさしい

中3理科

これさえあれば

授業がわかる

改訂版

解答と解説

旺文社

物質編

1章 水溶液とイオン

1 電流が流れる水溶液

➡ 本冊 7ページ

❶ (1) 電解質 (2) 非電解質
(3) 流れない (4) 電解質
(5) 非電解質

❷ (1) ア，ウ，オ（順不同） (2) 電解質

解説

❷ (1) エタノールと砂糖は，水にとけても電流が流れない非電解質です。
(2) 水にとけると，水溶液に電流が流れる物質を電解質，電流が流れない物質を非電解質といいます。

2 電気を帯びた粒子の正体

➡ 本冊 9ページ

❶ (1) ①原子核 ②電子
(2) ①陽子 ②中性子
(3) イオン
(4) ①＋ ②陽イオン
③− ④陰イオン

❷ (1) 17個 (2) 陰イオン

解説

❷ (1) 原子の中の陽子の数と電子の数は等しくなります。
(2) 電子を1個受けとるので，陽子の数より電子の数のほうが多くなり，−の電気をもつ陰イオンになります。

3 電解質とイオン

➡ 本冊 11ページ

❶ (1) ①電解質 ②電離 (2) イオン

❷ (1) Na^+ (2) Cl^- (3) OH^- (4) SO_4^{2-}
(5) ①H^+ ②Cl^-
(6) ①Na^+ ②OH^-
(7) ①Na^+ ②Cl^-

解説

❷ (5) 塩化水素（HCl）は，水にとけると電離して，水素イオン（H^+）と塩化物イオン（Cl^-）に分かれます。
(6) 水酸化ナトリウム（NaOH）は，水にとけると電離して，ナトリウムイオン（Na^+）と水酸化物イオン（OH^-）に分かれます。
(7) 塩化ナトリウム（NaCl）は，水にとけると電離して，ナトリウムイオン（Na^+）と塩化物イオン（Cl^-）に分かれます。

物質編

2章 電池とイオン

4 金属とイオン

➡ 本冊 13ページ

❶ (1) ①電解質 ②電子 ③陽
(2) ①うすく ②亜鉛 ③マグネシウム
(3) ①うすく ②銅 ③マグネシウム
(4) ①うすく ②銅 ③亜鉛

❷ (1) 赤色 (2) 亜鉛

解説

❷ (2) 亜鉛原子が硫酸銅水溶液にとけて亜鉛イオンになっているので，亜鉛のほうが銅より陽イオンになりやすいことがわかります。

5 電池のしくみ

➡ 本冊 15ページ

❶ (1) 化学 (2) 電池(化学電池)
(3) ①セロハン ②ない

❷ (1) A (2) A (3) Zn^{2+}

解説

❷ (1)(2) 亜鉛板では，陽イオンになりやすい亜鉛原子が電子を失って亜鉛イオンになってとけ出します。亜鉛板に残った電子は，導線を通って銅板に移動し，水溶液中の銅イオンが電子を受けとって銅原子になります。電流の向きは電子が移動する向きと逆向きになるので，電流は銅板→亜鉛板の向きに流れます。よって，銅板が＋極，亜鉛板が－極になります。

(3) 硫酸亜鉛水溶液中では，亜鉛イオン(Zn^{2+})の数が増えるので，電気的なかたよりがなくなるように，陽イオンの亜鉛イオンは硫酸銅水溶液側へ移動します。
硫酸銅水溶液中では，銅イオン(Cu^{2+})の数が減るので，電気的なかたよりがなくなるように，陰イオンの硫酸イオン(SO_4^{2-})は硫酸亜鉛水溶液側へ移動します。

おさらい問題 1～5

➡ 本冊 16ページ

❶ (1) A，B，D，F(順不同) (2) 電解質
(3) 電離 (4) A，B，D，F(順不同)

解説

❶ (1)(2) 水にとかしたときに電流が流れる物質を電解質といいます。砂糖とエタノールは水にとけても電流が流れない非電解質です。

❷ (1) A 電子 B 原子核
(2) C 中性子 D 陽子
(3) 帯びていない。

解説

❷ (1) 原子の中心には原子核(B)があり，そのまわりに電子(A)があります。

(2) 原子核は，＋の電気をもつ陽子(D)と電気をもたない中性子(C)からできています。

(3) 陽子1個あたりの＋の電気の量と電子1個あたりの－の電気の量は等しく，原子中の陽子と電子の数は等しいので，原子全体では電気を帯びていません。

❸ (1) $ZnSO_4 \longrightarrow Zn^{2+} + SO_4^{2-}$
(2) マグネシウム

解説

❸ (1) 硫酸亜鉛($ZnSO_4$)は電離して，陽イオンの亜鉛イオン(Zn^{2+})と陰イオンの硫酸イオン(SO_4^{2-})に分かれます。

(2) マグネシウム原子が硫酸亜鉛水溶液にとけてマグネシウムイオンになったので，マグネシウムのほうが亜鉛より陽イオンになりやすいことがわかります。

❹ (1) A －極 B ＋極 (2) 亜鉛
(3) A $Zn \longrightarrow Zn^{2+} + 2e^-$
B $Cu^{2+} + 2e^- \longrightarrow Cu$
(4) A ＋ B －

解説

❹ (1)(3) 亜鉛板では，陽イオンになりやすい亜鉛原子(Zn)が電子を2個失って亜鉛イオン(Zn^{2+})になってとけ出します。亜鉛板に残った電子は，導線を通って銅板に移動し，水溶液中の銅イオン(Cu^{2+})が電子を2個受けとって銅原子(Cu)になります。電流の向きは電子が移動する向きと逆向きになるので，電流は銅板→亜鉛板の向きに流れます。よって，銅板(B)が＋極，亜鉛板(A)が－極になります。

(4) 硫酸亜鉛水溶液では，陽イオンの亜鉛イオンの数が増えます。硫酸イオンの数は変わらないので，電気的に＋にかたよります。
硫酸銅水溶液では，陽イオンの銅イオンの数が減ります。硫酸イオンの数は変わらないので，電気的に－にかたよります。

物質編

3章 酸・アルカリとイオン

6 酸性の水溶液とイオン

➡ 本冊 19ページ

❶ (1) 赤色 (2) 黄色 (3) 水素
(4) 水素 (5) 酸

❷ (1) ①❶ H^+ ❷ Cl^-
②❶ $2H^+$ ❷ SO_4^{2-}
(2) 名前 水素イオン，化学式 H^+
(3) 酸

解説

❷ (1) ①塩化水素（HCl）は陽イオンの水素イオン（H^+）と陰イオンの塩化物イオン（Cl^-）に電離します。
②硫酸（H_2SO_4）は陽イオンの水素イオン（H^+）と陰イオンの硫酸イオン（SO_4^{2-}）に2：1の数の比で電離します。

7 アルカリ性の水溶液とイオン

➡ 本冊 21ページ

❶ (1) 青色 (2) 青色
(3) 赤色 (4) 水酸化物
(5) アルカリ

❷ (1) ①❶ Na^+ ❷ OH^-
②❶ Ba^{2+} ❷ $2OH^-$
(2) 名前 水酸化物イオン，化学式 OH^-
(3) アルカリ

解説

❷ (1) ①水酸化ナトリウム（NaOH）はナトリウムイオン（Na^+）と水酸化物イオン（OH^-）に電離します。
②水酸化バリウム（$Ba(OH)_2$）はバリウムイオン（Ba^{2+}）と水酸化物イオン（OH^-）に1：2の数の比で電離します。

8 酸とアルカリの反応

➡ 本冊 23ページ

❶ (1) 中和 (2) 水 (3) ①陰 ②陽

❷ (1) 青色 (2) Na^+, Cl^-（順不同）
(3) NaCl

解説

❷ (1) BTB溶液は，酸性で黄色，中性で緑色，アルカリ性で青色になります。
(2) 水酸化ナトリウムの電離は，
$NaOH \longrightarrow Na^+ + OH^-$
塩化水素の電離は，$HCl \longrightarrow H^+ + Cl^-$
BTB溶液を加えた水溶液が緑色になったので，水溶液は中性を示します。このとき，水素イオン（H^+）と水酸化物イオン（OH^-）はすべて中和に使われていて，水溶液中に存在しません。
(3) 水溶液中にあったナトリウムイオン（Na^+）と塩化物イオン（Cl^-）が結びついて，塩化ナトリウム（NaCl）ができます。

おさらい問題 6～8

➡ 本冊 24ページ

❶ (1) 酸性 イ，エ，カ（順不同）
アルカリ性 ア，ウ，オ（順不同）
(2) 7 (3) 酸性

解説

❶ (2) (3) pHの値が7より小さいときは酸性，pHの値が7のときは中性，pHの値が7より大きいときはアルカリ性です。

❷ (1) ①$H^+ + Cl^-$ ②$2H^+ + SO_4^{2-}$
(2) 酸性 水素イオン
アルカリ性 水酸化物イオン

解説

❷ (1) ②硫酸（H_2SO_4）は陽イオンの水素イオン（H^+）と陰イオンの硫酸イオン（SO_4^{2-}）に2：1の数の比で電離します。

❸ (1) A H^+ B Cl^- C Na^+ D OH^-
(2) E NaCl F H_2O

解説

❸ (2) 塩化物イオン (B) とナトリウムイオン (C) が結びついて，塩化ナトリウム (NaCl) (E) ができます。水素イオン (A) と水酸化物イオン (D) が結びついて水 (H_2O) (F) ができます。

❹ (1) 青色
(2) B 青色　C 緑色　D 黄色

解説

❹ (2) B　水溶液中に水酸化物イオン (OH^-) があるので，アルカリ性です。
C　水溶液中に水素イオン (H^+) も水酸化物イオン (OH^-) もないので，中性です。
D　水溶液中に水素イオン (H^+) があるので，酸性です。

生命編

1章 生物のふえ方と成長

9 細胞のふえ方

➡ 本冊 27ページ

❶ (1) 細胞分裂　(2) 染色体
(3) ❶染色体　❷中央
❸両端　❹細胞質

❷ (A→)B→D→F→C→E

解説

❷細胞分裂は，次のような順に行われます。
⓿細胞分裂の前に，まず染色体が複製されて2倍になる (A)。
❶細胞分裂がはじまると，核の形が消え，染色体が見えるようになる (B)。
❷染色体が細胞の中央部分に集まる (D)。
❸染色体は分かれて両端に移動する (F)。
❹細胞質が2つに分かれる (C)。
❺核の形が現れる (E)。

10 体細胞分裂によるふえ方

➡ 本冊 29ページ

❶ (1) 生殖　(2) 無性生殖
(3) ①単細胞　②分裂　(4) 出芽
(5) 栄養生殖

❷ (1) 分裂　(2) イ，エ (順不同)　(3) ア

解説

❷ (1)(2) 単細胞生物の多くはからだが2つに分かれることで新しい個体がつくられます。このようなふえ方を，分裂といいます。

11 受精による生殖①

➡ 本冊 31ページ

❶ (1) ①精細胞　②卵細胞　(2) 花粉管
(3) ①精細胞　②卵細胞　③受精
(4) 胚

❷ (1) 花粉管　(2) b 精細胞　c 卵細胞
(3) 受精　(4) 受精卵　(5) 胚

解説

❷ (2) 植物の生殖細胞は，花粉の中の精細胞 (b) と胚珠の中の卵細胞 (c) です。
(5) 植物の胚は，子葉や幼根 (根になって成長する部分) などからできています。

12 受精による生殖②

➡ 本冊 33ページ

❶ (1) 有性生殖　(2) 生殖細胞
(3) ①卵巣　②卵　(4) ①精巣　②精子
(5) 受精　(6) 胚　(7) 発生

❷ (1) A 精巣　B 卵巣
(2) C 受精卵　D 発生

解説

❷ (1) 精子は雄の精巣 (A)，卵は雌の卵巣 (B) でつくられます。

13 染色体の受けつがれ方

➡ 本冊 35ページ

❶ (1)(体) 細胞分裂　(2) 同じ
(3) ①生殖細胞　②減数分裂
(4) ①減数分裂　②受精

❷ (1) 減数分裂　(2) イ　(3) イ

解説

❷ (2) 減数分裂では続けて2回の分裂が行われ，2回目の分裂の前に染色体の複製が行われないので，生殖細胞の染色体はもとの細胞の半分になります。

おさらい問題 9 ～ 13

➡ 本冊 36ページ

❶ (1) 体細胞分裂　(2)A
(3) (A→)B(→)F(→)C(→)E(→)D

解説

❶ (1) 多細胞生物のからだをつくる細胞のうち，生殖細胞以外の細胞を体細胞といいます。
(2) 細胞分裂がはじまる前 (A) に，染色体が複製されて2倍になります。
(3) 細胞分裂は，次のような順に行われます。
❶細胞分裂がはじまると，核の形が消え，染色体が見えるようになる (B)。
❷染色体が細胞の中央部分に並ぶ (F)。
❸2本ずつくっついた染色体はそれぞれ分かれて両端に移動する (C)。
❹中央部分にしきりができて，細胞質が2つに分かれる (E)。動物細胞の場合は，細胞質がくびれて2つに分かれる。
❺核の形が現れる (D)。

❷ (1) A(→)D(→)C(→)B　(2) 発生

解説

❷ (1) 受精卵は体細胞分裂をくり返して胚になるので，成長するにしたがって細胞の数が増えていきます。

❸ (1) 花粉管　(2) 精細胞　(3) 受精
(4) A 果実　B 種子　C 胚

解説

❸ (1)(2) 精細胞 (Y) は花粉管 (X) を通って胚珠まで移動します。
(4) 受精すると，子房 (A) は果実になり，子房の中の胚珠 (B) は種子になり，胚珠の中の卵細胞 (C) は胚になります。

❹ (1) 減数分裂
(2) ホウセンカAの生殖細胞 エ
ホウセンカBの生殖細胞 オ
(3) ウ

解説

❹ (2) 生殖細胞がつくられるときに染色体の数がもとの細胞の半分になるので，体細胞にふくまれる染色体が1本ずつの図を選びます。
(3) ホウセンカAの染色体とホウセンカBの染色体を1本ずつもちます。

生命編

2章 遺伝の規則性と遺伝子

14 親から子への遺伝子の伝わり方

➡ 本冊 39ページ

❶ (1) 形質　(2) 遺伝　(3) 対立形質
(4) 純系　(5) ①顕性形質　②潜性形質

❷ (1) X 減数　Y 受精　(2) P AA　Q aa
(3) Aa

解説

❷ (1) 卵細胞と精細胞は生殖細胞です。生殖細胞がつくられるときには，減数分裂 (X) が行われます。卵細胞の核と精細胞の核が合体することを受精 (Y) といいます。
(2) P，Qはどちらも純系なので，対になっている遺伝子は同じです。
(3) 親の卵細胞の遺伝子はA，精細胞の遺伝子はaなので，子の遺伝子はAaです。

15 子から孫への遺伝子の伝わり方

➡ 本冊 41ページ

❶ (1) ①減数分裂　②分離
(2) 受精

❷ (1) 分離の法則　(2) (例) すべて丸。
(3) ①Aa　②Aa　③aa

解説

❷ (2) 孫の代では，丸：しわ＝3：1の割合で現れるので，丸い種子が顕性形質，しわの種子が潜性形質です。よって，子はすべて丸い種子になります。

(3) 孫の代の遺伝子の組み合わせは，下のような表をつくって考えるとわかりやすくなります。

子の卵細胞の遺伝子（横）／子の精細胞の遺伝子（縦）

	A	a
A	AA	Aa
a	Aa	aa

生命編

3章 生物の多様性と進化

16 生物の共通性と多様性

➡ 本冊 43ページ

(1) 鳥類　(2) 魚類

解説

ホニュウ類との共通点の数は，魚類1つ，両生類2つ，ハチュウ類2つ，鳥類3つです。

(1) 共通する特徴の数がもっとも多い鳥類が，ホニュウ類ともっとも近い関係にあります。

(2) 共通する特徴の数がもっとも少ない魚類が，ホニュウ類ともっとも遠い関係にあります。

17 生物の移り変わりと進化

➡ 本冊 45ページ

❶ (1) 魚　(2) 両生　(3) ホニュウ
(4) 鳥　(5) ①・②ハチュウ・鳥
(6) 相同器官

❷ (1) シソチョウ　(2) ア，エ（順不同）
(3) ハチュウ類

解説

❷ (2)「つばさの先につめがある」「口の中に歯がある」はハチュウ類の特徴です。

おさらい問題 14～17

➡ 本冊 46ページ

❶ (1) ㋐減数分裂　㋑受精
(2) 丸い種子
(3) ①オ　②オ　③ア　④ア　⑤ウ
(4) 1：2：1

解説

❶ (1) ㋐は対になった遺伝子が2つに分かれているので，減数分裂を表しています。㋑は生殖細胞の核が合体して染色体の数が2本になっているので，受精を表しています。

(3) ①②対になっているAaが2つに分かれるので，aが入ります。
③④aとAが入るので，遺伝子の組み合わせはAaになります。遺伝子の組み合わせを書くときは，大文字を先に書きます。
⑤どちらの生殖細胞も遺伝子がaなので，遺伝子の組み合わせはaaです。

❷ (1) ①背骨　②肺　③変温
(2) A 4　B 2　C 2　D 3　(3) 両生類

解説

❷ (2) 共通する特徴は，両生類とハチュウ類は「背骨をもつ」「肺呼吸」「卵生」「変温動物」の4つ（A）です。両生類とホニュウ類は「背骨をもつ」「肺呼吸」の2つ（B）です。
ハチュウ類とホニュウ類は「背骨をもつ」「肺呼吸」の2つ（C）です。鳥類とホニュウ類は「背骨をもつ」「肺呼吸」「恒温動物」の3つ（D）です。

エネルギー編

1章
力の合成と分解

18 2つの力を合わせると

➡ 本冊 49ページ

❶ (1) ①和　②同じ　③差　④大きい
(2) 対角線

❷ (1) ①合力の大きさ 6N, 動く向き 右
②合力の大きさ 2N, 動く向き 右
(2) ①

②

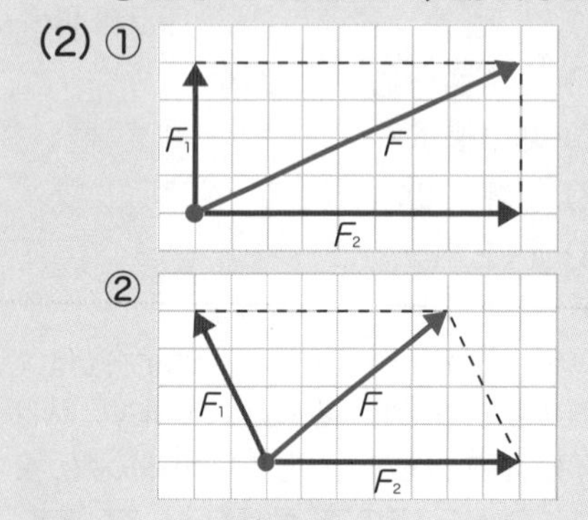

解説

❷ (1) ①同じ向きの2力の合力の大きさは, 2力の大きさの和なので, 4N＋2N＝6N
動く向きは2力と同じなので, 右向き。
②反対向きの2力の合力の大きさは, 2力の大きさの差なので, 4N－2N＝2N
動く向きは大きいほうの力と同じ向きになるので, 右向き。
(2) 矢印F_1とF_2と平行な直線を引き, その交点と矢印F_1とF_2の交点を結ぶと, 合力Fがかけます。

19 1つの力を2つに分けると

➡ 本冊 51ページ

❶ (1) ①分解　②分力　(2) 分力
(3) ①小さく　②大きく

❷ (1) 右の図
(2) ①4N
②3N

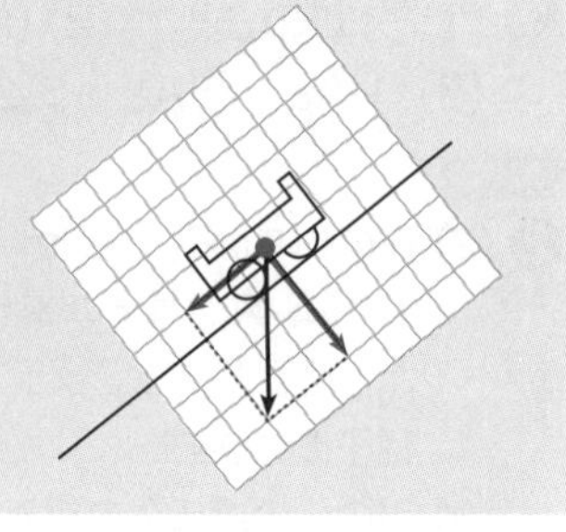

解説

❷ (1) 重力の矢印が対角線になるような平行四辺形(この場合は長方形)を, 目もりに合わせてかきます。
(2)(1) でかいた図の目もりの数を数えます。

20 水がおす力

➡ 本冊 53ページ

❶ (1) 水圧　(2) あらゆる
(3) 等しい (同じ)　(4) 大きい

❷ (1) ア　(2) エ, カ, キ, ケ (順不同)
(3) イ, ウ (順不同)

解説

❷ (1) 水圧は, 水の深さが深いところほど大きいので, 水の深さがいちばん深いCの位置に筒を沈めたとき, ゴム膜がいちばん大きくへこみます。イはBの位置, ウはAの位置に筒を沈めたときのようすです。
(2) 水の深さが同じところには, 同じ大きさの水圧が加わります。そのため, ゴム膜が同じようにへこみます。

21 水中の物体にはたらく力

➡ 本冊 55ページ

❶ (1) 浮力　(2) 引いた　(3) 等しい
(4) 大きい　(5) ①差　②しない

❷ (1) 0.2N　(2) 0.5N

解説

❷ (1) 浮力＝空気中でのばねばかりの値－水中でのばねばかりの値より，
　0.8N－0.6N＝0.2N
(2) 0.8N－0.3N＝0.5N

おさらい問題18～21

➡ 本冊 56ページ

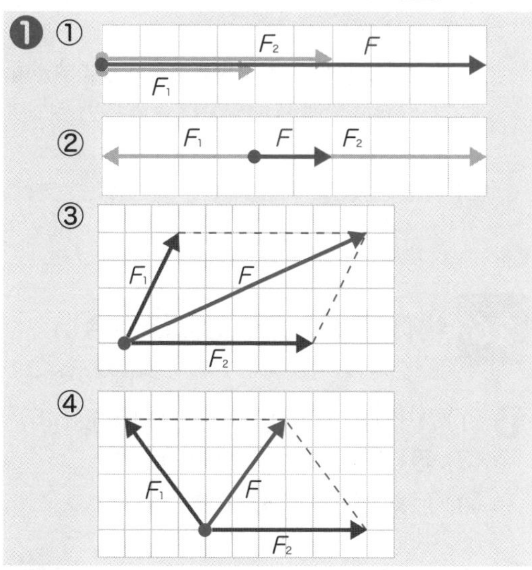

解説

❶①2力の向きが同じなので，F_1の矢印の長さとF_2の矢印の長さをたした長さの矢印を，F_1，F_2と同じ向きにかきます。

②2力の向きが反対なので，F_2の矢印の長さからF_1の矢印の長さを引いた長さの矢印を，大きな力F_2と同じ向きにかきます。

③④F_1とF_2をとなり合う2辺とする平行四辺形をかくと，対角線が合力になります。

❷ (1) ア　(2) 合力　(3) ア

解説

❷ (1)(2)FはF_1とF_2の合力です。合力は，もとの力よりも小さくなることはありません。

(3)F_1とF_2はFの分力になっています。分力の間の角度が大きくなるほど，それぞれの分力が大きくなります。

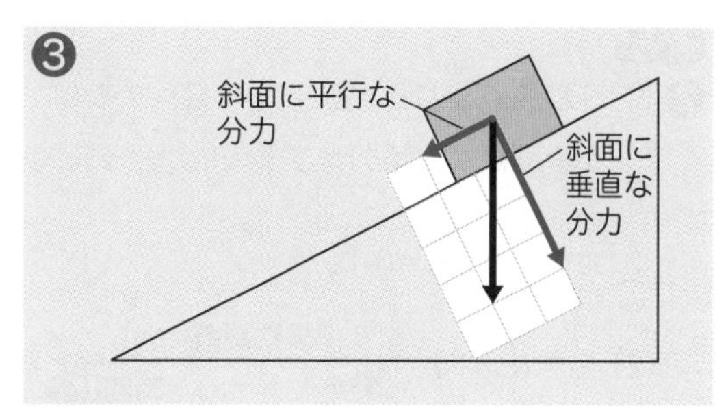

解説

❸ます目がないときは，次の手順で作図します。

❶作用点から，斜面に平行な方向と斜面に垂直な方向に直線を引く。

❷重力の矢印の先を通り，斜面に平行な方向と斜面に垂直な方向に直線を引く。

❸作用点から，❶，❷で引いた直線の交点に矢印を引く。

❹ (1) 3N　(2) 0.6N　(3) ウ　(4) ア

解説

❹ (1) 100gの物体にはたらく重力の大きさが1Nなので，3倍の300gの物体にはたらく重力の大きさも3倍の3Nになります。

(2) 浮力＝空気中でのばねばかりの値－水中でのばねばかりの値より，
　3N－2.4N＝0.6N

(3) 物体全体が水中にあるときは，水の深さに関係なく，浮力の大きさは一定になります。

(4) 水圧は，水の深さが深いほど大きく，同じ深さのところでは等しくなります。

エネルギー編

2章 物体の運動

22 運動の表し方

➡ 本冊 59ページ

❶ (1) 速さ　(2) 速さ
(3) ①m/s　②km/h　(4) 平均
(5) 瞬間　(6) 瞬間

❷ (1) 0.1秒間　(2) 40cm/s　(3) B

解説

❷ (1) 1秒間で50打点するので，1打点するのに$\frac{1}{50}$秒かかり，5打点するのにかかる時間は，$\frac{1}{50}$s×5＝0.1s

(2) 速さ〔cm/s〕＝$\frac{移動距離〔cm〕}{移動にかかった時間〔s〕}$

より，

$\frac{4.0cm}{0.1s}$＝40cm/s

(3) 打点の間隔が大きいほど，$\frac{1}{50}$秒間に進む距離が大きいので速い運動を表しています。

23 力がはたらかないときの運動①

➡ 本冊 61ページ

❶ (1) 等速直線　(2) 等速直線
(3) 比例　(4) ①速さ　②時間

❷ (1) 80cm/s　(2) 等速直線運動
(3) イ

解説

❷ (1) 速さ〔cm/s〕＝$\frac{移動距離〔cm〕}{移動にかかった時間〔s〕}$

より，

$\frac{8cm}{0.1s}$＝80cm/s

(3) 移動距離は時間に比例するので，グラフは原点を通る直線になります。

24 力がはたらかないときの運動②

➡ 本冊 63ページ

❶ (1) ①静止　②等速直線　③慣性
(2) 慣性

❷ (1) ①イ　②ウ　③オ　④キ
(2) ①A　②B

解説

❷ (2) ①急発進すると，人のからだは静止を続けようとして進行方向と反対向きに傾きます。
②急停車すると，人のからだは運動を続けようとして進行方向と同じ向きに傾きます。

25 力がはたらき続けるときの運動

➡ 本冊 65ページ

❶ (1) 増加　(2) 減少
(3) ①大きく　②大きく

❷ (1) ウ　(2) B

解説

❷ (1) 台車にはたらく運動方向の力は，台車にはたらく重力の斜面に平行な分力です。そのため，つねに一定の大きさになります。重力の斜面に垂直な分力は垂直抗力とつり合っています。

(2) 斜面の傾きが大きいほど，速さの増え方が大きくなります。

26 物体間での力のおよぼし合い

➡ 本冊 67ページ

❶ (1) ①作用・反作用　②・③作用・反作用
(2) 等しい (同じ)　(3) 一直線
(4) 反対 (逆)　(5) 1つ　(6) 2つ

❷ (1) A イ　B ア　(2) ウ

解説

❷ (1) AさんがBさんを右向きにおしたので，Bさんは右向きに動きます。AさんはBさんからおし返す力を左向きに受けるので，左向きに動きます。

(2) 作用・反作用の2力は，一直線上で反対向きにはたらき，大きさは等しくなります。

エネルギー編

3章 仕事とエネルギー

27 仕事とは

➡ 本冊 69ページ

❶ (1) 仕事　(2) ジュール
(3) ①大きさ　②向き　(4) 仕事率
(5) ワット　(6) ①仕事　②時間

❷ (1) 60N　(2) 60J　(3) 20W

解説

❷ (1) 100gの物体にはたらく重力の大きさが1Nなので，60倍の6000g（＝6kg）のバッグにはたらく重力の大きさも60倍の60N。
(2) 仕事〔J〕＝力の大きさ〔N〕×力の向きに動いた距離〔m〕より，60N×1m＝60J
(3) 仕事率〔W〕＝$\frac{\text{仕事〔J〕}}{\text{仕事にかかった時間〔s〕}}$
より，$\frac{60\text{J}}{3\text{s}}$＝20W

28 道具を使った仕事

➡ 本冊 71ページ

❶ (1) ①小さく　②長く（大きく）　③同じ
(2) ①変わらない　②仕事の原理

❷ (1) 160J　(2) 40N
(3) 4m　(4) 160J

解説

❷ (1) 仕事〔J〕＝力の大きさ〔N〕×力の向きに動いた距離〔m〕より，80N×2m＝160J
(2) 動滑車を使うと，おもりを2本のひもで支えるので，ひもを引く力はおもりの重さの半分になります。よって，80N÷2＝40N
(3) 動滑車を使うと，ひもを引く長さはおもりが持ち上がる距離の2倍になるので，
2m×2＝4m
(4) 40Nの力でひもを4m引くので，
40N×4m＝160J

29 エネルギー

➡ 本冊 73ページ

❶ (1) エネルギー　(2) ジュール
(3) 位置　(4) 高い　(5) 大きい
(6) 運動　(7) 速い　(8) 大きい

❷ (1) 名前 ジュール，記号 J
(2) 位置エネルギー
(3)（基準面からの）高さ，
（物体の）質量（順不同）

解説

❷ (1) 物体がもつエネルギーの大きさ＝ほかの物体にする仕事の大きさより，エネルギーの単位は仕事と同じジュール（記号J）が使われます。
(3) 位置エネルギーは，基準面からの高さが高いほど大きくなります。また，物体の質量が大きいほど大きくなります。

30 位置エネルギーと運動エネルギーの変換

➡ 本冊 75ページ

❶ (1) 力学的
(2) 力学的エネルギー保存

❷ (1) A，E（順不同）　(2) ア　(3) C

解説

❷ (1) 位置エネルギーは，基準面からの高さが高いほど大きくなります。
(2)(3) Aの位置でおもりがもつ位置エネルギーはA→Cと移動する間にしだいに運動エネルギーに移り変わり，Cの位置ではすべてが運動エネルギーになります。さらに，C→Eと移動する間に運動エネルギーはしだいに位置エネルギーに移り変わり，Eの位置ではすべてが位置エネルギーになります。

31 エネルギーの移り変わり

➡ 本冊 77ページ

❶ (1) エネルギー保存　(2) 変換効率
(3) 伝導（熱伝導）　(4) 対流
(5) 放射（熱放射）

❷ (1) A 対流　B 伝導（熱伝導）
C 放射（熱放射）
(2) C

解説

❷ (1) A　温度のちがう液体や気体が移動することで熱が伝わる現象を対流といいます。
B　高温の部分から低温の部分に熱が伝わる現象を伝導（熱伝導）といいます。
C　太陽など高温の物体の熱が赤外線などの光として放出される現象を放射（熱放射）といいます。

おさらい問題22～31

➡ 本冊 78ページ

❶ (1) ア　(2) イ

解説

❶ (1) 等速直線運動は，一直線上を一定の速さで進む運動なので，時間と速さの関係を表すグラフは水平になります。
(2) 等速直線運動では移動距離は時間に比例するので，グラフは原点を通る直線です。

❷ (1) 60°（のとき）　(2) 図3

解説

❷ (1) 斜面の傾きが大きいほど，重力の斜面に平行な分力が大きくなるので，ばねばかりの値が大きくなります。
(2) 斜面の傾きが大きいほど，速さの増え方が大きくなるので，グラフの傾きが大きくなります。

❸ (1) 60000J　(2) 100秒　(3) 150秒

解説

❸ (1) 質量 1 kgの物体の重さが10Nなので，600倍の質量600kgの物体の重さも600倍の6000Nになります。仕事〔J〕＝力の大きさ〔N〕×力の向きに動いた距離〔m〕より，6000N×10m＝60000J

(2) $仕事率〔W〕=\frac{仕事〔J〕}{仕事にかかった時間〔s〕}$

なので，

$仕事にかかった時間〔s〕=\frac{仕事〔J〕}{仕事率〔W〕}$

より，仕事率が600WのモーターAは，

$\frac{60000J}{600W}=100s$

(3) 仕事率が400WのモーターBは，

$\frac{60000J}{400W}=150s$

❹ (1)A　(2) 2倍
(3)（例）小球の速さが速いほど運動エネルギーが大きい。

解説

❹ (1) 小球の質量が大きいほど位置エネルギーが大きくなるので，同じ高さで比べたときの木片の移動距離が長くなります。
(2) 図2のグラフが原点を通る直線なので，木片の移動距離は小球の高さに比例します。

地球編
1章
地球の運動と天体の動き

32 太陽の1日の動き

➡ 本冊 81ページ

❶ (1) ①北　②南　③東　④西
(2) 南中　(3) 日周
(4) ①南中高度　②高く

❷ (1)（太陽の）日周運動
(2)（例）観測者の位置
(3) A 南　B 東　C 北　D 西
(4)（太陽の）南中高度
(5) a 日の出の位置　b 日の入りの位置

解説

❷ (2) 点Oは透明半球の中心で，観測者の位置です。

(3) 太陽の高さがもっとも高くなるとき，太陽は真南にあります。よって，Aが南，反対側のCが北です。南のほうを向いて両手を開いたとき，左手が東，右手が西になります。

(5) 太陽は東のほうから出て西のほうへ沈むので，東のほうにあるaが日の出，西のほうにあるbが日の入りのときの太陽の位置になります。

33 星の1日の動き

➡ 本冊 83ページ

❶ (1) ①15° ②東 ③西 (2) 日周運動
(3) 地軸
(4) ①地軸 ②西 ③東 ④自転

❷ (1) 天頂 (2) 北極星 (3) 約15°
(4) (天体の) 日周運動
(5) (地球の) 自転

解説

❷ (2) 地球は，地軸を中心として自転しています。北極星は地軸の延長線付近にあるので，時間がたってもほとんど動きません。

(3) 星は1日（＝24時間）で360°回転しています。よって，1時間に移動する角度は，
360°÷24＝15°

34 天体の1年の動き

➡ 本冊 85ページ

❶ (1) ①30° ②西 ③年周運動
(2) 公転 (3) 反時計

❷ (1)b (2) オリオン座
(3) ペガスス座 (4)A

解説

❷ (1) 地球は，地球の北極側から見て，反時計回りに公転しています。

(2)(3) 太陽の方向にある星座は見ることができません。太陽と反対の方向にある星座は，真夜中に南中します。

(4) しし座が南中するのは，地球がAの位置にあるときは夕方，Cの位置にあるときは明け方，Dの位置にあるときは真夜中です。Bの位置にあるときは，見ることができません。

35 地球の運動と季節の変化

➡ 本冊 87ページ

❶ (1) ①低く ②短く ③南
(2) ①高く ②長く ③北 (3) 23.4

❷ (1) A ア B ウ C イ
(2) A ア B イ，エ（順不同） C ウ

解説

❷ (1) 日の出・日の入りの位置は，春分・秋分のときは真東・真西（B），夏至のときは北により（C），冬至のときは南によります（A）。

(2) 地軸の北極側が太陽のほうに傾いているとき（ウ），北半球は夏になります。地軸の北極側が太陽と反対のほうに傾いているとき（ア），北半球は冬になります。

おさらい問題 32～35

➡ 本冊 88ページ

❶ (1) A (2) 天頂 (3) a (4) ア

解説

❶ (1) 太陽の高さがもっとも高くなるとき，太陽は真南にきています。よって，Aが南になり，Bが東，Cが北，Dが西です。

❷ (1) イ (2) 約30°

解説

❷ (1) 北の空の星は，北極星をほぼ中心に，反時計回り（イ）に回っているように見えます。

(2) 地球は1年かけて太陽のまわりを公転しているので，星は1年（＝12か月）で360°回転しているように見えます。よって，1か月に移動する角度は，360°÷12＝30°

❸ (1) A 夏至 B 秋分 C 冬至 D 春分
(2) A (3) C
(4) A c B b C a D b
(5) ①地軸 ②23.4 ③公転

解説

❸ (1) 地軸の北極側が太陽のほうに傾いているとき (A), 北半球は夏になります。地軸の北極側が太陽と反対のほうに傾いているとき (C), 北半球は冬になります。

(2) 南中高度は夏至のときにもっとも高くなり, 冬至のときにもっとも低くなります。

(3) 昼の長さは, 夏至のときにもっとも長くなり, 冬至のときにもっとも短くなります。

(4) 日の出・日の入りの位置は, 春分・秋分のときは真東・真西になります (b)。夏至のときは, 日の出・日の入りの位置が北によります (c)。冬至のときは, 日の出・日の入りの位置が南によります (a)。

地球編

2章 太陽系

36 月の見え方

➡ 本冊 91ページ

❶ (1) ①地球 ②公転 (2) 新月

❷ (1) ①F ②G ③E ④B (2) b

解説

❷ (1) 月は, 太陽の光を反射してかがやいているので, 太陽のほうを向いている側がかがやいて見えます。

(2) 地球の自転の向きと同じで, 地球の北極側から見たときに反時計回りになります。

37 金星の見え方

➡ 本冊 93ページ

❶ (1) 惑星 (2) 太陽 (3) 恒星
(4) ①内 ②ない ③できない
(5) 大きく (6) 大きく

❷ (1)a (2) いつごろ 夕方 方角 西
(3) いつごろ 明け方 方角 東

解説

❷ (1) 金星の公転の向きは, 地球の北極側から見たときに反時計回りになります。

(2)(3) 地球から見ると, 金星は太陽の近くにあるので, 夕方の西の空 (よいの明星), 明け方の東の空 (明けの明星) に見られます。

38 太陽系の天体

➡ 本冊 95ページ

❶ (1) ①火星 ②地球型
(2) ①小さい ②大きい
(3) ①土星 ②木星型
(4) ①大きい ②小さい (5) 黒点
(6) ①東 ②西 ③自転 (7) 球形

❷ (1) 黒点
(2)(例) まわりより温度が低いから。

解説

❷ (2) 太陽の表面の温度は約6000℃, 黒点の温度は約4000℃です。

おさらい問題 36 ～ 38

➡ 本冊 96ページ

❶ (1) A, E (順不同) (2) D (3) ア
(4)(金星の) 公転
(5) F, G, H (順不同)
(6)(例) 金星は地球よりも内側を公転しているために, 太陽の反対側に位置することができないから。

解説

❶ (1) 金星, 太陽, 地球と並んでいるときや, 太陽, 金星, 地球と並んでいるときは, 地球から金星を見ることができません。

(2) 図1で, B, C, Dの位置にあるときの金星は右側, F, G, Hの位置にあるときの金星は左側がかがやいて見えます。また, 地球に近いほど, 大きく欠けて見えます。

(5) 明けの明星は明け方, 東の空で見られる金星で, 図1で地球から見て太陽よりも右側にあるときに見られます。

❷ (1) 黒点 (2) イ

(3) (例) 東から西へ動いている。
(4) (例) 太陽は球形をしている。

解説

❷ (2) 太陽の表面の温度は約6000℃，黒点の温度は約4000℃です。
(3) 黒点Aに注目すると，黒点は東から西へ移動していることがわかります。これは，太陽が自転しているために起こる現象です。

❸ (1) 惑星　(2) 木星型惑星

解説

❸ (2) 木星，土星，天王星，海王星は木星型惑星，水星，金星，地球，火星は地球型惑星とよばれます。

環境編

1章 自然界のつり合い

39 生物どうしのつながり

➡ 本冊 99ページ

❶ (1) 食物連鎖　(2) 食物網
(3) ①光合成　②生産者　(4) 消費者

❷ (1) 食物連鎖　(2) イネ
(3) 生産者　(4) 消費者

解説

❷ (1) 実際の食物連鎖は，複雑に網の目のようにつながっていて，食物網とよばれます。
(2) 光合成を行うのは，植物や植物プランクトンなどです。

40 土壌中の生物とそのはたらき

➡ 本冊 101ページ

❶ (1) 生態系　(2) 分解者
(3) 微生物　(4) 呼吸

❷ (1) A→C→D→B　(2) C
(3) イ，エ (順不同)

解説

❷ (2) 分解者は，有機物を無機物に分解するはたらきにかかわる生物なので，落ち葉を食べて細かくするダンゴムシがあてはまります。
(3) 細菌類 (イ) と菌類 (エ) は呼吸によって，有機物を無機物に分解します。

41 生態系における物質の循環

➡ 本冊 103ページ

❶ (1) ①生産者　②光合成　(2) 消費者
(3) ①呼吸　②無機物　(4) 分解者

❷ (1) A　(2) 二酸化炭素
(3) あ 光合成　い 呼吸

解説

❷ (2) 生物は，呼吸によって，酸素をとり入れ，二酸化炭素を出しています。よって，すべての生物が出す気体aは二酸化炭素です。
(3) **あ**は，生産者であるAが二酸化炭素をとり入れているので光合成，**い**はすべての生物が酸素をとり入れているので呼吸です。

環境編

2章 科学技術と人間

42 プラスチック

➡ 本冊 105ページ

❶ (1) 石油　(2) 通さない　(3) はじく
(4) 変形　(5) 二酸化炭素
(6) ポリエチレンテレフタラート (PET)
(7) マイクロプラスチック
(8) 生分解性プラスチック

❷ (1) 石油　(2) 二酸化炭素　(3) PET

解説

❷ (2) プラスチックは有機物なので，燃えると二酸化炭素と水ができます。

43 エネルギー資源の利用

➡ 本冊 107ページ

❶ (1) 化石燃料　(2) 火力発電
(3) ある　(4) 地球温暖化
(5) 水力発電　(6) 限られて
(7) ①原子力発電　②核分裂
(8) 放射線

❷ (1) 石油，石炭，天然ガス（順不同）
(2) 位置エネルギー

解説
❷ (1) 火力発電の原料は，化石燃料（石油，石炭，天然ガスなど）です。

44 放射線，エネルギーの有効利用

➡ 本冊 109ページ

❶ (1) 放射能　(2) 透過力（透過性）
(3) 電離作用　(4) α線　(5) β線
(6) ①光電池　②光　(7) 運動
(8) 熱　(9) 化学

❷ (1) イ (2) エ

解説
❷ (1) 風力発電では，風のもつ運動エネルギーによって風車を回し，発電機を回転させています。
(2) バイオマス発電では，サトウキビ，家畜のふんなど，化石燃料を除いた生物由来の有機物がもつ化学エネルギーを利用しています。

おさらい問題 39 〜 44

➡ 本冊 110ページ

❶ (1) A
(2) メダカ B　ミジンコ C
　フナ A　植物プランクトン D
(3) B 増加する。　D 減少する。

解説
❶ (1) 図は，食物連鎖のそれぞれの段階の生物を，数量の多いものから順に積み上げたもので，上のものほど数量が少なくなります。
(2) 食べられる生物のほうが食べる生物よりも数量が多いので，A〜Dを食物連鎖の順に並べると，D→C→B→Aとなります。
(3) Cの生物が大量発生すると，Bの生物は食べ物が増加するので増加し，Dの生物は食べられる数量が増加するので減少します。

❷ (1) A
(2)（例）デンプンを別の物質に変えるはたらき。

解説
❷ (1) 焼いた土（A）には生きた微生物がいないので，デンプンはそのまま残っていますが，Bでは，微生物のはたらきで，デンプンが二酸化炭素と水に分解されます。

❸ (1) 二酸化炭素
(2) A 光合成　B 呼吸
(3) b，c，d（順不同）

解説
❸ (1)(2) 植物はAによって酸素を出しているので，Aは光合成を表しています。光合成では，原料として二酸化炭素をとり入れるので，Xは二酸化炭素です。また，すべての生物が行っているBのはたらきは呼吸です。
(3) 分解者も生物の死がいやふんなどを食べて有機物を得ているので，消費者です。

❹ (1) 石油，石炭，天然ガス（順不同）
(2) ①化学　②熱　③電気

解説
❹ (1) 石油や石炭，天然ガスなどは，大昔の動植物の死がいなどが長い年月を経て変化したものなので，化石燃料とよばれます。
(2) 化石燃料のもつ化学エネルギーは，燃焼によって熱エネルギーになり，水を高温・高圧の水蒸気に変えます。熱エネルギーは発電機に伝えられ，電気エネルギーをとり出します。